全国建筑装饰装修行业培训系列教材

# AutoCAD 基础与建筑装饰制图

中国建筑装饰协会培训中心组织编写

杨幼平　主编

中国建筑工业出版社

**图书在版编目（CIP）数据**

Auto CAD 基础与建筑装饰制图/中国建筑装饰协会培
训中心组织编写，杨幼平主编. —北京：中国建筑工业
出版社，2007
（全国建筑装饰装修行业培训系列教材）
ISBN 978-7-112-09306-9

Ⅰ. A… Ⅱ. ①中…②杨… Ⅲ. 建筑装饰-建筑制
图-计算机辅助设计-应用软件，AutoCAD-技术培训-教材
Ⅳ. TU238-39

中国版本图书馆 CIP 数据核字（2007）第 068808 号

本书较全面地介绍了 AutoCAD2006 中文版计算机辅助设计基础知识：绘图的初始设置、辅助绘图工具、图层使用、图形绘制与编辑命令、图案填充、块应用、文字表格尺寸的标注和图形的打印输出；对于 Auto-CAD2006 新增功能如动态输入、表格命令和块编辑器等也作了诠释。第12章结合实例介绍了 CAD 绘制建筑装饰装修施工图的方法和步骤。除此之外，书中大量应用范例讲解，各章后配有结合专业的练习题，旨在帮助读者掌握 CAD 绘图功能，提高专业绘图水平。

本书结构清晰、简明扼要、通俗易懂，适宜用作大中专院校授课教材和 CAD 培训教材。

\* \* \*

责任编辑：朱首明　牛　松
责任设计：赵明霞
责任校对：陈晶晶　孟　楠

全国建筑装饰装修行业培训系列教材
**AutoCAD 基础与建筑装饰制图**
中国建筑装饰协会培训中心组织编写
杨幼平　主编

\*

中国建筑工业出版社出版、发行（北京西郊百万庄）
各地新华书店、建筑书店经销
霸州市顺浩图文科技发展有限公司制版
廊坊市海涛印刷有限公司印刷

\*

开本：787×1092 毫米　1/16　印张：18　字数：433千字
2007 年 9 月第一版　2015 年 2 月第七次印刷
定价：**39.00** 元（含光盘）
ISBN 978-7-112-09306-9
（20871）

# 全国建筑装饰装修行业培训系列教材
## 编写委员会

名 誉 主 任　马挺贵

主　　　任　徐　朋

主 任 委 员　（按姓氏笔画排序）

王文焕　王本明　王秀娟　王树京　王毅强

王燕鸣　毛家泉　田万良　田德昌　付祖华

朱　红　朱希斌　刘海华　江清源　华敬友

闵义来　何文祥　何佰洲　沈华英　肖能定

吴建新　李桂文　杨昭富　张　仁　张京跃

张爱宁　房　箴　赵　海　荣　巩　顾国华

黄　白　黄家益　彭国云　董宜君　樊淑玲

主　　　编　徐　朋

常务副主编　王燕鸣

副 主 编　王晓峥

# 前　言

AutoCAD 是目前发展最快应用最为广泛的绘图软件之一，利用它可以方便地绘制建筑工程图和建筑装饰装修工程图。近年来随着我国经济的高速发展，对建筑设计图和建筑装饰装修设计图的要求越来越高，计算机绘图不再是少数人使用的工具，对于工程设计人员而言是不可缺少的技能。

本书共有 13 章，第 1 章和第 2 章介绍 AutoCAD 的基本使用，第 3 章介绍"图层"，第 4 章至第 7 章介绍常用的绘图和修改命令，第 8 章和第 9 章介绍图形的文本和尺寸标注，第 10 章介绍"块"使用，第 11 章介绍如何查询图形参数，第 12 章简述使用 Auto-CAD 绘制建筑施工图或建筑装饰装修施工图的方法和步骤，第 13 章介绍图形输出和打印。

本书适用于 AutoCAD 初学者和 AutoCAD2006 以前版本的升级者，也可作为大中专院校的授课教材和 CAD 培训教材。

本书由杨幼平主编，并编写第 1、4、5、6、7、9、10、12、13 章，陈晓悦编写第 3、8 章，李淮编写第 2、11 章，范例制作指导：李京宁、张雪松。

# 目　　录

# 第1章 初识 AutoCAD2006

AutoCAD 计算机辅助设计软件是发展最快的绘图软件，具有功能强、上手快、使用方便等优点，一直以来深受广大设计者的青睐，目前其系列版本广泛地应用于装饰设计、建筑设计、机械设计等行业。

## 1.1 启动 AutoCAD2006

### 1.1.1 AutoCAD2006 的启动

AutoCAD2006 启动有两种方法，一是单击"开始→AutoCAD2006"；二是双击桌面 AutoCAD2006 图标 。

启动的 AutoCAD2006 会先弹出"新功能专题研习"窗口（图 1-1），如若选"是"，单击"确定"按钮，则可以查看 AutoCAD2006 的新功能介绍；若选择其他选项，然后单击"确定"按钮，则直接进入 AutoCAD2006 的主界面。

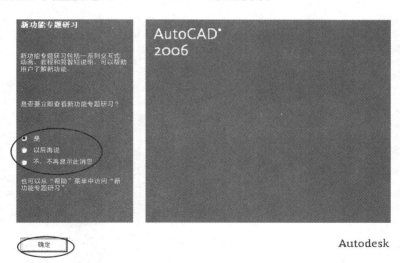

图 1-1 "新功能专题研习"窗口

### 1.1.2 AutoCAD2006 的主界面

AutoCAD2006 的主界面是 Windows 系统界面样式，由标题栏、菜单栏、工具栏、工具选项板、对象特性管理器、绘图区、命令提示行、状态栏等组成（图 1-2）。

**1. 标题栏** 标题栏的左端是当前图形的名称，右端是窗口的最大化、最小化及关闭按钮。

**2. 菜单栏** 调用命令的一种方式。

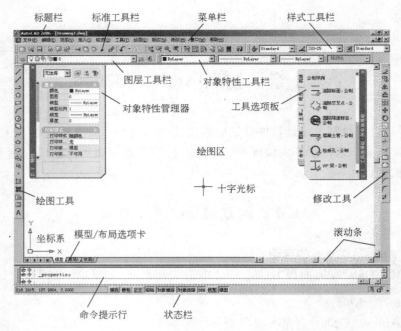

图 1-2　AutoCAD2006 主界面

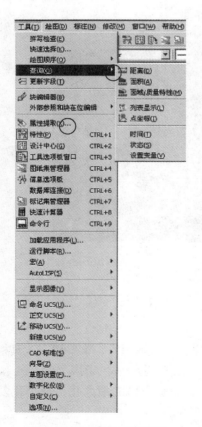

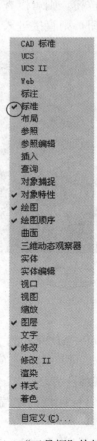

图 1-3　"工具"下拉菜单　　　　图 1-4　"工具框"快捷菜单

例如将光标移到菜单栏"工具"上单击，就会弹出其下拉子菜单，如在子菜单右边有黑三角"  "符号则意味其下还有一个级联的子菜单（图 1-3）；如有省略号"…"则意味选择此项后将弹出一个对话框窗口。

**3. 工具栏**　AutoCAD 2006 共有 29 条工具栏，用户可根据需要对其打开或关闭。

在任何一个工具栏上单击鼠标右键，都弹出"工具栏"快捷菜单。在"工具栏"快捷菜单上如工具栏名称前有对勾" ✔ "符号，则表示该工具栏已经打开，反之为关闭，单击工具栏名称可实现该工具栏的打开或关闭（图 1-4）。

**4. 工具选项板窗口**　工具选项板可以通过菜单栏"工具→工具选项板窗口"打开或关闭。工具选项板包括了命令工具、图案填充、土木、电力、机械、建筑和注释选项卡供用户使用。其窗口有打开、关闭、自动隐藏、透明四种状态（图 1-5）。

**5. 特性管理器**　特性管理器能够查看和修改所有 AutoCAD2006 对象的特性。与工具选项板窗口类似，其打开或关闭可通过"工具→特性"菜单，也具有打开、关闭、自动隐藏三种状态（图 1-6）。

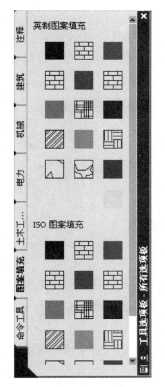

图 1-5　工具选项板

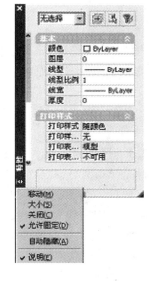

图 1-6　特性管理器

**6. 命令提示行**　显示键盘、鼠标输入的和 AutoCAD2006 提示的所有信息，命令提示行一般应该保留三行（图 1-7）。

在绘图中，如果你需要察看更多的操作信息，可按键盘上的 F2 功能切换键，打开"AutoCAD2006 文本窗口"进行察看（图 1-8）。

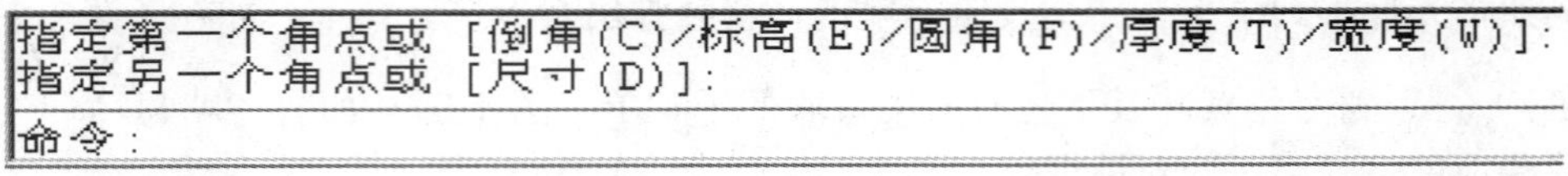

```
指定第一个角点或 [倒角(C)/标高(E)/圆角(F)/厚度(T)/宽度(W)]:
指定另一个角点或 [尺寸(D)]:

命令:
```

图1-7　命令提示行

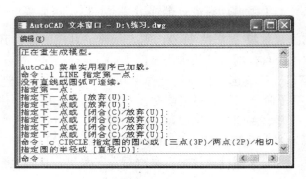

图1-8　文本窗口

**7. 状态栏**　状态栏用于显示或设置当前的绘图状况。状态栏左边数字为当前十字光标的三维坐标，右边从左到右是"栅格捕捉、栅格显示、正交模式、极轴追踪、对象捕捉、对象捕捉追踪、是否采用动态输入方式、是否显示线宽、当前绘图空间"等信息，单击其中的按钮可实现对应功能的切换（图1-9）。

图1-9　状态栏

**8. 模型/布局选项卡**　模型/布局选项卡是实现模型空间与图纸空间的切换。

**9. 滚动条**　用于图纸在水平和垂直方向的移动。

# 1.2　AutoCAD2006 命令的输入

## 1.2.1　鼠标的功能

鼠标是 AutoCAD2006 绘图信息输入的主要途径。鼠标有两键式、三键式和两键＋中间滚轮式鼠标，为了提高绘图速度建议使用三键式或两键＋中间滚轮式。

**两键＋中间滚轮式各个按键功能**

♥ **左键**　单击具有选择功能（选图形、选点、选功能），双击进入对象特性对话框。

♥ **右键**

1. 单击打开快捷菜单或具有【Enter】功能；

2.【Shift】＋右键，对象捕捉快捷菜单。

3. 具体可在"工具→选项→用户系统配置→绘图区域中使用快捷菜单"设置（图1-10）。

♥ **中间滚轮**　显示控制

1. 实时缩放（RTZOOM）：旋转滚轮向上或向下；

2. 实时平移（PAN）：按住滚轮不放和拖曳；

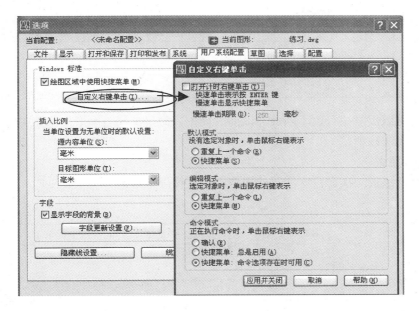

图 1-10　右键设置选项

3. 缩放成实际范围（zoom→E）：双击；

4. 垂直或水平的实时平移（ORTHOPAN）：【Shift】＋按住滚轮不放和拖曳；

5. 随意式实时平移（FREEPAN）：【Ctrl】＋按住滚轮不放和拖曳。

### 1.2.2　AutoCAD2006 命令的输入方式

**输入命令**

♥ **图标按钮**　AutoCAD2006 的每一工具条都是由若干图标按钮组合而成，每个图标按钮代表一个命令，用鼠标直接点击即可运行相应命令。例如，点击绘图工具栏 ✎ 按钮，即可运行画线命令。图标按钮是一种常用、简便的输入命令方法。

♥ **下拉菜单**　AutoCAD2006 下拉菜单包括一系列的命令，用鼠标左键单击菜单标题，然后按住并拖动鼠标进入下拉菜单子菜单选择条目，释放鼠标，即可运行该命令。

♥ **键盘**　当命令提示行为"命令:"时，键盘输入 AutoCAD2006 的命令或命令的缩写（英文）（例如直线命令的输入：在"命令:"后输入"line 或 l"）。键盘是 Auto-CAD2006 输入命令或命令选项的重要工具。

♥ **重复上一次刚执行的命令**　在"命令"提示下，按【空格键】或【Enter】重复上一次刚执行的命令。

**终止命令**

♥ 全部执行完命令后，提示返回到"命令:"提示状态。

♥ 在执行命令过程中，按【Esc】可立即终止正在执行的命令。

♥ 调用其他命令，任何正在执行的命令自动终止。

### 1.2.3　放弃

取消上一个执行的命令，返回命令执行之前的状态，并会显示被取消的命令名称（表 1-1）。

表 1-1

| 命令 | undo | | 快捷键 | | U | 【Ctrl】+Z |
|---|---|---|---|---|---|---|
| 图标 | 标准工具栏 ↰ | | | | | |
| 菜单 | 编辑→放弃 | | | | | |

该命令可以反复执行，不断放弃以前的操作，但是某些与图形绘制无关的命令，如保存、打印等无法取消。

### 1.2.4　重做

恢复执行最近一次命令所实行的操作，而且仅限于最近一次（表 1-2）。

表 1-2

| 命令 | redo | 快捷键 | 【Ctrl】+Y |
|---|---|---|---|
| 图标 | 标准工具栏 ↱ | | |
| 菜单 | 编辑→重做 | | |

## 1.3　常用的文件操作命令

### 1.3.1　新建

创建新图形文件（表 1-3）。

表 1-3

| 命令 | new | 快捷键 | 【Ctrl】+N |
|---|---|---|---|
| 图标 | 标准工具栏 | | |
| 菜单 | 文件→新建 | | |

**使用说明**

♥ **不显示"启动"对话框**

运行命令后则出现"选择样本"对话框，点击文件或输入文件名，按"打开"按钮图形打开（图 1-11）。

**提示：** 如果单击"打开"右边 ▼ 箭头，可选择"无样板打开——英制"即"acad"样板文件，或"无样板打开——公制"即"acadiso"样板文件。

♥ **显示"启动"对话框**

1. 选择"工具→选项→系统"选择"显示启动对话框"，再单击"应用"按钮，关闭对话框（图 1-12）。

2. 运行"NEW—新建"命令，则出现"创建新图形"对话框，其中包括："从草图开始"、"使用样板"和"使用向导"（图 1-13）。

如选择"使用向导→高级设置"，则进入单位、角度、角度测量等一系列设置。

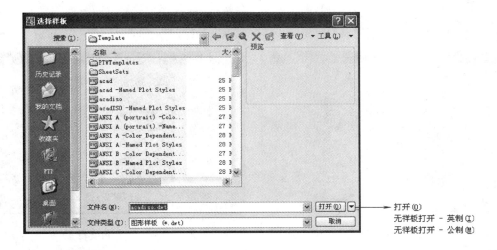

图 1-11　"选择样板"窗口

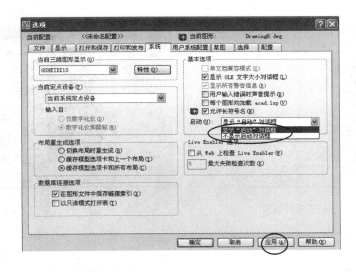

图 1-12　"启动"对话框选择

(a)　　　　　　　　　　　(b)　　　　　　　　　　　(c)

图 1-13　"创建新图形"窗口

(a) 从草图开始；(b) 使用样板；(c) 使用向导

3. 单位设置（图 1-14）。

4. 角度设置（图 1-15）。

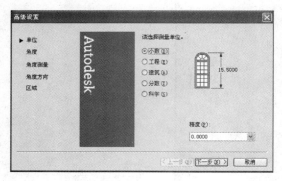

图 1-14　单位设置　　　　　　　　图 1-15　角度设置

5. 角度测量设置（图 1-16）。

6. 角度方向设置（图 1-17）。

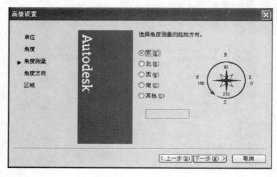

图 1-16　角度测量设置　　　　　　图 1-17　角度方向设置

7. 绘图区域设置（图 1-18）。

图 1-18　绘图区域设置

## 1.3.2　OPEN—打开

打开已经保存的图形文件（表 1-4）。

表 1-4

| 命令 | open | 快捷键 | 【Ctrl】+O |
|------|------|--------|-----------|
| 图标 | 标准工具栏 | | |
| 菜单 | 文件→打开 | | |

**使用说明**

运行命令后则出现"选择文件……"对话框，点击文件或输入文件名，按"打开"按钮即可打开图形（图 1-19）。

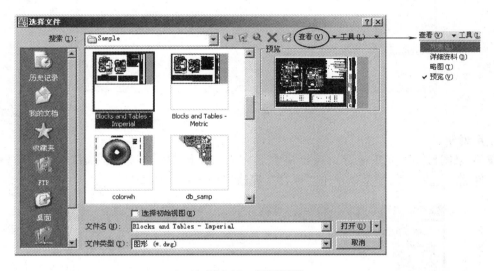

图 1-19　打开图形

提示：点击"查看"菜单，可选择察看方式，有"列表、详细等"（图 1-19），如选择其中的"预览"，则在右侧预览的方框中显示缩小的图像。

### 1.3.3　图形文件保存

**1. 自动保存设置**

选取"工具→选项→打开和保存"打开"打开和保存"选项卡。用户根据自己的绘图情况进行各项设置，也可以默认 AutoCAD2006 已作的各项设置。一般将其中的"自动保存"设为 10～30min（图 1-20）。

**2. 保存**

快速保存文件（表 1-5）。

表 1-5

| 命令 | qsave | 快捷键 | 【Ctrl】+S |
|------|-------|--------|-----------|
| 图标 | 标准工具栏 | | |
| 菜单 | 文件→保存 | | |

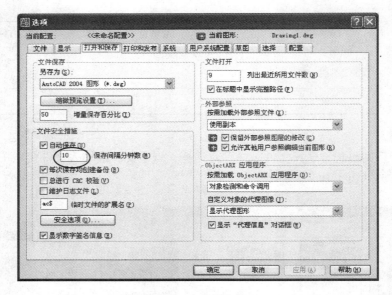

图 1-20　自动保存设置

**使用说明**

♥ 如果图形文件尚未保存，运行命令后则出现"图形另存为"对话框，选择路径，输入文件名，选择文件类型，单击"保存"完成（图 1-21～图 1-22）。

图 1-21　图形文件保存

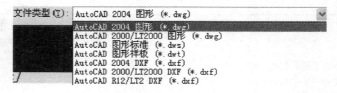

图 1-22　保存文件类型

♥ 如果图形文件已被保存过，则在此执行"qsave"命令时不出现对话框，直接保存文件。

### 3. 另存为

另存为新文件（表1-6）。

表 1-6

| 命令 | saves | 快捷键 | 【Ctrl】+S |
|------|-------|--------|-----------|
| 菜单 | 文件→另存为 | | |

### 1.3.4 退出

离开 AutoCAD2006（表1-7）。

表 1-7

| 命令 | quit | exit | 快捷键 | 【Ctrl】+Q | 【Alt】+F4 |
|------|------|------|--------|-----------|-----------|
| 菜单 | 文件→退出 | | | | |

**使用说明**

在执行退出命令时，如果图形文件尚未保存，则会出现是否要保存对话框。选择"是（Y）"则提示保存图形后离开 AutoCAD2006；选择"否（N）"则不保存图形直接离开 AutoCAD2006（图1-23）。

图 1-23

### 1.3.5 图形界限

设置图纸尺寸（表1-8）。

表 1-8

| 命令 | limits |
|------|--------|
| 菜单 | 格式→绘图界限 |

命令：limits

重新设置模型空间界限：

指定左下角点或［开（ON）/关（OFF）］<0.0000, 0.0000>：输入界限左下角坐标

指定右上角点<420.0000, 297.0000>：　　　　　　　　　输入界限右上角坐标

**使用说明**

常用图纸标准规格（表1-9）（图1-24）。

AutoCAD2006绘图完全按图形实际尺寸来绘制，打印出图时，根据比例打印出图。所以要对绘图界限进行修改，才能满足最后出图的比例要求。例如：选择 A3 图纸

*11*

表 1-9

| 规格 | X | Y |
|---|---|---|
| A0 | 1189 | 841 |
| A1 | 841 | 594 |
| A2 | 594 | 420 |
| A3 | 420 | 297 |
| A4 | 297 | 210 |

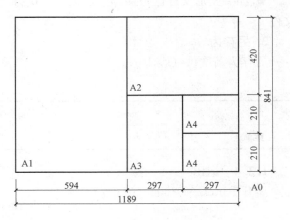

图 1-24　常用图纸标准规格

（420×297）绘制 1∶100 的图形时，绘图区域应为（42000×29700），这样在出图时，以 1∶100 的比例打印的图纸才为 A3 图纸（420×297）的大小。

### 1.3.6　单位

设置图纸尺寸和角度单位（表 1-10）。

表 1-10

| 命令 | units |
|---|---|
| 菜单 | 格式→单位 |

### 使用说明

运行命令后则出现"图形单位"对话框，其中包括"长度、角度和插入比例"等选项（图 1-25）。通常设置"长度"类型为"小数"（图 1-26），精度为"0.00"；"角度"类型为"十进制度数"（图 1-27），精度为"0.0"（图 1-28），逆时针为"正"；单位为"毫米"（图 1-29）；"方向"设置为"东"即 X 正方向为"0"方向（图 1-30）。

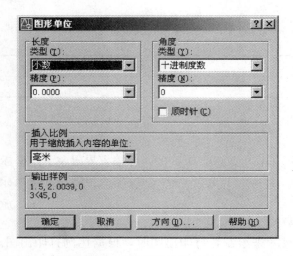

图 1-25　"图形单位"对话框

图 1-26　长度类型

12

图 1-27　角度类型

图 1-28　精度

图 1-29　插入单位

图 1-30　角度方向

# 第 2 章　AutoCAD2006 绘图关键

## 2.1　坐　标

### 2.1.1　坐标系

坐标如同家的地址，它是用来确定图形对象位置的。每一个 AutoCAD2006 图形都有一固定的坐标系，即世界坐标系（WCS）。

#### 1. 二维世界坐标系

默认状况二维绘图时，绘图区的左下角有 ⌞x 坐标系图标，表示水平为 X 轴，竖直为 Y 轴，箭头指向为正方向。

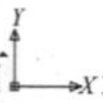

#### 坐标系图标显示设置

菜单"视图→显示→ucs 图标→开/原点/特性…"（图 2-1）。其中"开"表示坐标系图标在绘图区是否显示；"原点"表示坐标系图标是否在原点（0，0）显示；"特性…"则出现"UCS 图标"对话框（图 2-1），可对图标样式、大小、颜色进行设置。

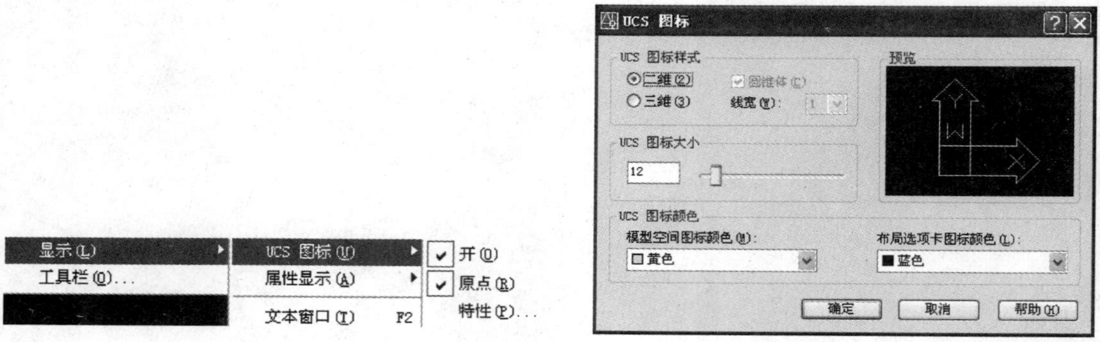

图 2-1　"UCS 图标"对话框

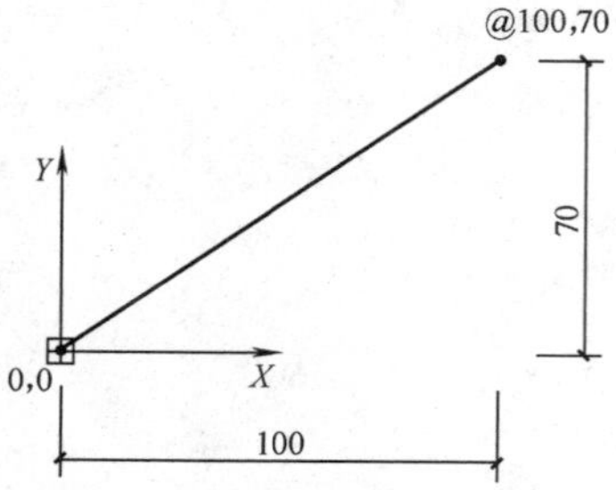

#### 2. 三维坐标系

三维坐标系图标 ⌞x，它包含了 X、Y、Z 三轴及方向，在三维绘图时经常要旋转或移动坐标系，以得到绘图的方向或位置，这种坐标系就称为用户坐标系（UCS）。相对于世界坐标系，可以创建无限多的用户坐标系。

### 2.1.2　点的坐标

#### 1. 绝对坐标法

相对当前坐标系原点（0，0）的直角坐标（$x$，$y$）（图 2-2）。

图 2-2　点的绝对坐标

**说明**

♥ 在图形中每一个点都有一个绝对坐标，即"一个萝卜一个坑"，绝对不重复。

♥ 移动鼠标时，状态栏左边实时地显示当前光标所在的绝对坐标 $x$，$y$，$z$（图 2-3）。

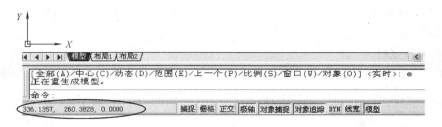

图 2-3　状态栏坐标显示

♥【F6】坐标显示开关。

**2. 相对直角坐标**

相对前一点直角坐标（@$\Delta x$，$\Delta y$）。$\Delta x$ 为 $X$ 方向增量，$\Delta y$ 为 $Y$ 方向增量（图 2-4）。

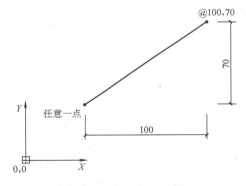

图 2-4　点的相对坐标

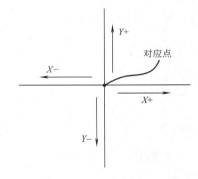

图 2-5　坐标增量正与负定义

**说明**

♥ 凡使用相对直角坐标，一定注意在坐标值前加@记号。

♥ 由对应点 $X$ 增量向右为正，向左为负；由对应点 $Y$ 增量向上为正，向下为负（图 2-5）；

**3. 绝对极坐标**

距当前坐标系原点（0，0）的距离及与 $X$ 轴正方向的夹角（距离＜夹角）表示（图 2-6）。

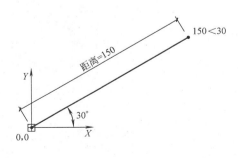

图 2-6　点的绝对极坐标

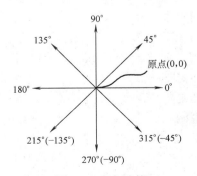

图 2-7　夹角计算

15

**说明**

♥ 距离没有正负。

♥ 距离与角度之间用小于号"<"分开。

♥ 与 $X$ 轴夹角逆时针为正，顺时针为负（图 2-7）。（即在 1.3.1"创建新图形→使用向导→角度方向"的设置，或在 1.3.6"UNIT—单位→方向"的设置）。

**4. 相对极坐标**

距前一点的距离及与前一点的 $X$ 轴正方向的夹角（@距离<夹角）表示（图 2-8）。

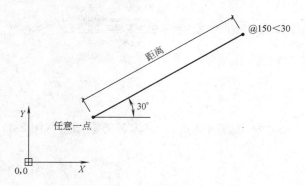

图 2-8　点的相对极坐标

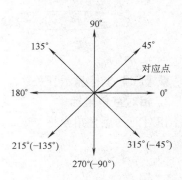

图 2-9　相对夹角计算

**说明**

♥ 凡使用相对极坐标，一定在距离值前加@记号。

♥ 角度是指与前一点的 $X$ 正方向的夹角，并且逆时针为正，顺时针为负（图 2-9）。

**2.1.3　直线命令**

用于绘直线段（表 2-1）。

表 2-1

| 命令 | line | | 快捷键 | L |
|---|---|---|---|---|
| 图标 | 绘图工具栏 | | | |
| 菜单 | 绘图→直线 | | | |

命令：line

指定第一点：　　　　　　　　　　　　　　　　　　　　　　　　选取起始点 1

指定下一点或［放弃（U）］：　　　　　　　　　　选取端点 2 或键入 U 退回上一点

指定下一点或［闭合（C）/放弃（U）］：　　　　　　　　　　　　选取端点 3

指定下一点或［闭合（C）/放弃（U）］：　　　　　　　　　　　　选取端点 4

指定下一点或［闭合（C）/放弃（U）］：

**说明**

♥ 按【Enter】或【空格键】结束命令（图 2-10）。

♥ 键入 C，与最初起点连线形成闭合的连线，并结束命令（图 2-11）。

♥ 键入 U，放弃刚画点，退回上一点（图 2-12）。

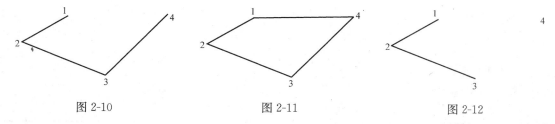

图 2-10 图 2-11 图 2-12

**范例说明**

**【例 2-1】** 应用点的绝对直角坐标绘制起点（－50，－35），边长 100×70 矩形（图 2-13）。

命令：line

指定第一点：－50，－35

指定下一点或［放弃（U）］：50，－35

指定下一点或［放弃（U）］：50，35

指定下一点或［闭合（C）/放弃（U）］：－50，35

指定下一点或［闭合（C）/放弃（U）］：c

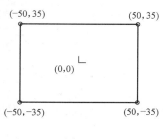

图 2-13

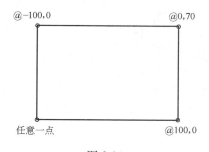

图 2-14

**【例 2-2】** 应用点的相对直角坐标绘制起点（－50，－35），边长 100×70 矩形（图 2-14）。

命令：line

指定第一点： 任意一点

指定下一点或［放弃（U）］：@100，0

指定下一点或［放弃（U）］：@0，70

指定下一点或［闭合（C）/放弃（U）］：@-100，0

指定下一点或［闭合（C）/放弃（U）］：c

**【例 2-3】** 应用点的相对极坐标绘制边长 100，与 X 轴夹角 45°的菱形（图 2-15）。

命令：line

指定第一点： 任意一点

指定下一点或［放弃（U）］：@100＜－45

指定下一点或［放弃（U）］：@100＜45

指定下一点或［闭合（C）/放弃（U）］：@100＜135

指定下一点或［闭合（C）/放弃（U）］：c

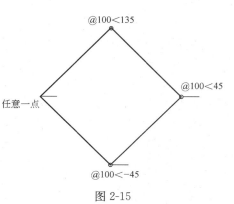

图 2-15

# 2.2 选择对象方式

### 2.2.1 删除

删除不要的对象，例如绘错的图形或不再需要的辅助线（表 2-2）。

表 2-2

| 命令 | erase | 快捷键 | E |
|---|---|---|---|
| 图标 | 修改工具栏 🖊 | | |
| 菜单 | 修改→删除 | | |

命令：erase

选择对象：找到 1 个　　　　　　　　　　　　　　　　　　　　选择删除对象

选择对象：找到 1 个，总计 2 个：　　　　　　　　　　　　　选择删除对象

选择对象：　　　　　　　　　　　　　　　　　　　　【Enter】或【空格键】结束命令

### 2.2.2 选择对象

在 AutoCAD2006 图形的编辑过程中，首先要对编辑对象进行选择，为了快速而准确地选中欲编辑的图形元素，AutoCAD 提供了多种选择方式。

**1. 直接拾取方式**

直接移动选择框（光标在"选择对象"提示下显示呈"选择框 ▣"）拾取图形对象（图 2-16a）。

**提示**：被选择上的图形呈虚线（图 2-16b）。

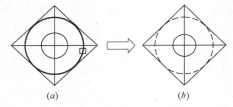

(a)　　　　　　　　(b)

图 2-16　直接拾取

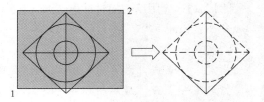

图 2-17　窗口选择

**2. 窗口方式 W（Window）**

用鼠标拉出实线矩形，矩形内的图形对象被选中（图 2-17）。

选择对象：W

指定第一个角点：　　　　　　　　　　　　　　　　　　　　指定窗口的第一角点 1

指定对角点：　　　　　　　　　　　　　　　　　　　　　　指定窗口的另一角点 2

**3. 交叉窗口方式 C（Crossing）**

用鼠标拉出虚线矩形，矩形内图形对象及与矩形边相交的图形对象被选中（图 2-18）。

选择对象：C

指定第一个角点：　　　　　　　　　　　　　　　　　　　　指定窗口的第一角点 1

指定对角点：　　　　　　　　　　　　　　　　　　　　　　指定窗口的另一角点 2

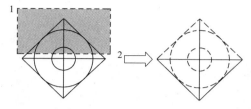

图 2-18　交叉窗口选择

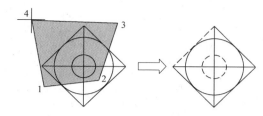

图 2-19　不规则窗口选择

### 4. 不规则窗口方式 WP（WPolygon）

用鼠标拉出不规则多边形，多边形内的图形对象被选中（图 2-19）。

选择对象：WP

第一圈围点：选取 1 点

指定直线的端点或［放弃（U）］：选取 2 点

指定直线的端点或［放弃（U）］：选取 3 点

指定直线的端点或［放弃（U）］：选取 4 点

指定直线的端点或［放弃（U）］：【Enter】

### 5. 不规则交叉窗口方式 CP（CPolygon）

用鼠标拉出不规则多边形，多边形内的以及与多边形窗口边界相交的图形对象被选中（图 2-20）。

选择对象：CP

第一圈围点：选取 1 点

指定直线的端点或［放弃（U）］：选取 2 点

指定直线的端点或［放弃（U）］：选取 3 点

指定直线的端点或［放弃（U）］：选取 4 点

指定直线的端点或［放弃（U）］：选取 5 点

指定直线的端点或［放弃（U）］：【Enter】

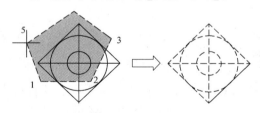

图 2-20　不规则交叉窗口选择

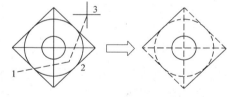

图 2-21　围线相交选择

### 6. 围线相交方式 F（Fence）

用鼠标画线，凡与线相交图形对象都被选中（图 2-21）。

选择对象：F

第一栏选点：选取 1 点

指定直线的端点或［放弃（U）］：选取 2 点

指定直线的端点或［放弃（U）］：选取 3 点

指定直线的端点或［放弃（U）］：【Enter】

19

### 7. 前一选择集方式 P（Previous）

前一次所选择的选择集（图 2-22）。

选择对象：P

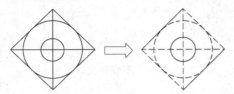
图 2-22  前一选择集

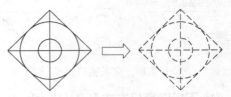
图 2-23  全部选择

### 8. 全部方式 A（All）

选择全部的图形对象（但不包括冻结或锁住的图层）（图2-23）。

选择对象：All

### 9. 作废 U（Undo）

撤销最后一次操作，并返回上一次操作，每按一次 U 操作就撤回一次。

选择对象：U                                             撤销上一次删除操作

### 10. 删除（R）

取消被选择的对象，也称为反选（图2-24）。

选择对象：指定对角点：找到 3 个                          选取 1、2、3 对象

选择对象：r                                             输入删除 r

删除对象：找到 1 个，删除 1 个，总计 2 个                 选取 3 对象

删除对象：                                              【Enter】退出

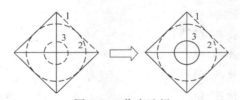
图 2-24  作废选择

## 2.3  绘图帮手

如果您想正确地抓到一个位置点，如直线端点或中点、圆的圆心或象限点、两直线的交点，请千万不要用"精确的肉眼"和"目测法"。坐标能确定 AutoCAD 图面上每一点位置，可完全利用坐标绘图实在不易，为此，AutoCAD 还提供了捕捉与栅格、正交、对象捕捉、极轴追踪、对象捕捉追踪辅助绘图工具，它们给 AutoCAD 绘图带来了极大的方便和乐趣，提高了绘图的速度和质量。

### 2.3.1  正交模式

打开"正交"工具，在绘图时鼠标在绘图区只能水平或垂直移动（表 2-3）。

表 2-3

| 命令 | ortho |
|---|---|
| 菜单 | 工具→正交 |
| 开关功能键 | 【F8】或状态栏 正交 |

**范例说明**

**【例 2-4】** 利用"正交"工具绘制图 2-25。

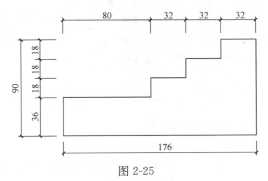

图 2-25

♥ 打开【F8】正交。

♥ 命令：line

指定第一点：　　　　　　　　　　　　　　　　　　　　任取一点

指定下一点或［放弃（U）］：176（图 2-26）

指定下一点或［放弃（U）］：90（图 2-27）

指定下一点或［闭合（C）/放弃（U）］：32（图 2-28）

指定下一点或［闭合（C）/放弃（U）］：18（图 2-29）

指定下一点或［闭合（C）/放弃（U）］：

继续输入，轻松完成图形。

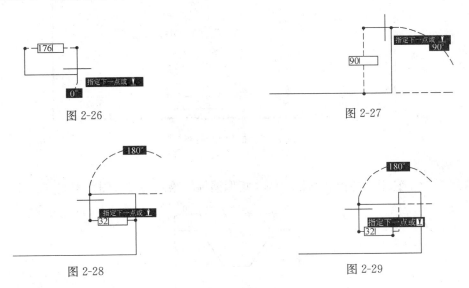

图 2-26　　　　　　　　　　　　　　　图 2-27

图 2-28　　　　　　　　　　　　　　　图 2-29

### 2.3.2　草图设置—捕捉和栅格

栅格是以点形成的格子覆盖绘图区域，类似于坐标纸，当栅格和捕捉的坐标间距相同时，鼠标在绘图区内将在栅格点上跳动（表 2-4）。

**"捕捉和栅格"选项卡说明**（图 2-30）：

♥ 启用捕捉【F9】：打开或关闭捕捉模式。

表 2-4

| 命令 | dsettings |
|---|---|
| 图标 | 用鼠标右键选择状态栏 捕捉 或 栅格 →设置 |
| 菜单 | 工具→草图设置→捕捉和栅格 |
| 开关功能键 | 【F9】或状态栏 捕捉 ：控制捕捉开关 |
| | 【F7】或状态栏 栅格 ：控制栅格开关 |
| 相关命令 | Snap：捕捉设置 |
| | Grid：栅格设置 |

♥ 启用栅格【F7】：打开或关闭栅格点。

♥ 捕捉：捕捉点的间距和方向设置。

♥ 栅格：设置栅格的间距，如果间距过小，AutoCAD 将提示"栅格太密，无法显示"。

♥ 捕捉类型和样式：设置捕捉模式。

图 2-30　捕捉和栅格选项卡

**范例说明**

【例 2-5】　利用"捕捉和栅格"的"矩形捕捉"绘制图形（图 2-31）。

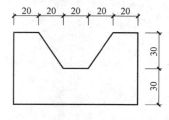

图 2-31

♥ 设置：捕捉和栅格 X 轴间距为 20，Y 轴间距为 30；

设置：捕捉类型和样式→栅格捕捉→矩形捕捉（图 2-32）；

♥ 打开【F7】捕捉、【F9】栅格；

♥ 执行 line 命令，轻松完成图形。

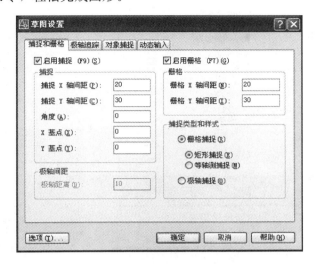

图 2-32 "矩形捕捉"设置

【例 2-6】 "捕捉和栅格"的"等轴测捕捉"（图 2-33）。

♥ 设置：捕捉和栅格 Y 轴间距为 10（图 2-34）；

设置：捕捉类型和样式→栅格捕捉→等轴测捕捉；

♥ 打开【F7】捕捉、【F9】栅格、【F8】正交；

♥ 执行 line 命令，轻松完成图形。

提示：绘图中使用【Ctrl】+E 或 F5 切换等轴侧作图方向。

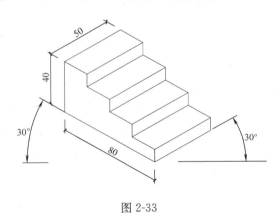

图 2-33

【例 2-7】 "捕捉和栅格"的"极轴捕捉"（图 2-35）。

♥ 设置：极轴间距为 15，捕捉类型和样式→极轴捕捉（图 2-36）；

♥ 打开【F7】捕捉、【F10】极轴；

♥ 执行 line 命令，轻松完成图形。

### 2.3.3 草图设置—对象捕捉

对象捕捉用于绘图时，通过捕捉已存对象的特征点来定位。

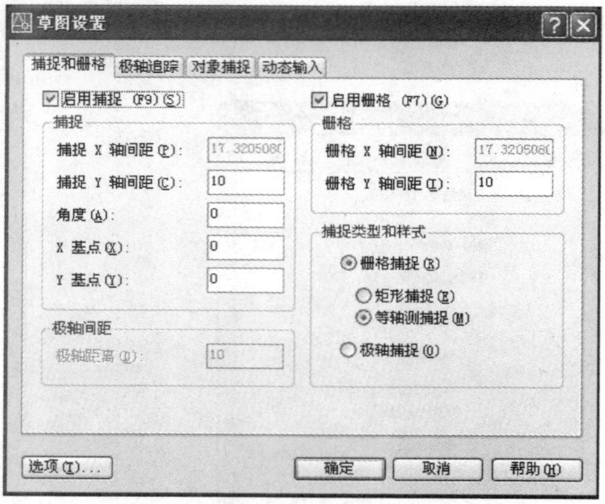

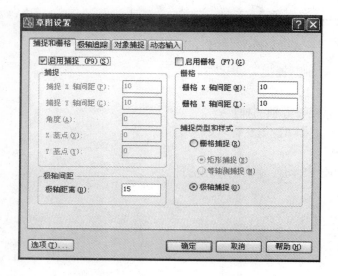

图 2-34 "等轴测捕捉"设置

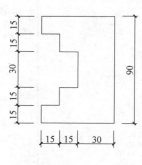

图 2-35

图 2-37 "对象捕捉"快捷菜单

图 2-36 "极轴捕捉"设置

图 2-38 "对象捕捉"工具栏

**1. 对象捕捉的选择**

♥【Shift】+鼠标右键弹出菜单供选择(图 2-37)

♥ 对象捕捉工具栏 (图 2-38)

**2. 各项对象捕捉含义**

♥ 临时追踪点(TT):结合了 $X$ 轴和 $Y$ 轴点过滤器,选取暂时的参考点。

**范例说明**

【例 2-8】 自矩形水平、垂直线中点画半径为 30 的圆(图 2-39)。

命令：circle

指定圆的圆心或［三点（3P）/两点（2P）/相切、相切、半径（T）］：TT

指定临时对象追踪点：（P1 点）　　　　　　　　　　　　　　　　选取 P1 点

指定圆的圆心或［三点（3P）/两点（2P）/相切、相切、半径（T）］：TT

指定临时对象追踪点：（P2 点）　　　　　　　　　　　　　　　　选取 P2 点

指定圆的圆心或［三点（3P）/两点（2P）/相切、相切、半径（T）］：（P3 点）

指定圆的半径或［直径（D）］：30

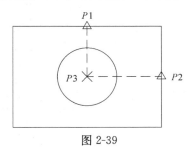

图 2-39

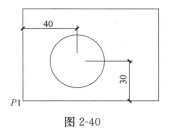

图 2-40

♥ 捕捉自（FROM）：选择基准点捕捉。

【例 2-9】　画半径为 20 的圆，圆心距 P1 点（40，30）（图 2-40）。

命令：circle

指定圆的圆心或［三点（3P）/两点（2P）/相切、相切、半径（T）］：FROM

基点：（P1）　　　　　　　　　　　　　　　　　　　　　　　　选取 P1 点

＜偏移＞：@40，30　　　　　　　　　　　　　　　　　　输入偏移坐标@40，30

指定圆的半径或［直径（D）］＜20.0000＞：20

♥ 端点（END）：捕捉线段或圆弧等对象的端点（图 2-41）。

图 2-41　捕捉端点

♥ 中点（MID）：捕捉线段或圆弧等对象的中点（图 2-42）。

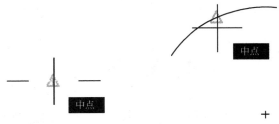

图 2-42　捕捉中点

♥ 交点（INT）：捕捉两图素对象的相交点（图 2-43）。

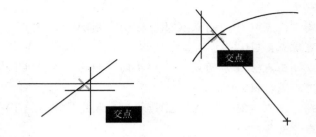

图 2-43　捕捉交点

♥ 外观交点（APP）：同"交点"，还可在 3D 中抓视觉交点（图 2-44）。

图 2-44　捕捉外观交点

♥ 圆心（CEN）：捕捉圆、圆弧、椭圆、椭圆弧的圆心（图 2-45）。

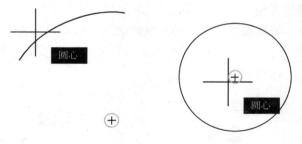

图 2-45　捕捉圆心

♥ 象限点（QUA）：捕捉圆、圆弧、椭圆、椭圆弧的象限点（即在 0°、90°、180°、270°方向点）（图 2-46）。

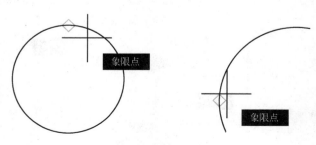

图 2-46　捕捉象限点

♥ 切点（TAN）：捕捉到圆、圆弧、椭圆、椭圆弧的相切点（图 2-47）。

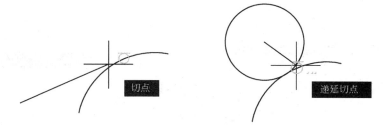

图 2-47　捕捉切点

♥ 垂足（PER）：捕捉与直线、圆弧等相垂直的点（图 2-48）。

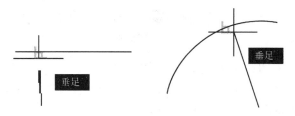

图 2-48　捕捉垂足

♥ 单点（NODE）：捕捉点对象（图 2-49）。

图 2-49　捕捉单点

♥ 插入点（INS）：捕捉块、文本等的插入点（图 2-50）。

图 2-50　捕捉插入点

♥ 最近点（NEA）：捕捉对象上最靠近捕捉框中心的一点（图 2-51）。

图 2-51　捕捉最近点

♥ 延长线交点（EXT）：捕捉直线或圆弧的延长交点（图 2-52）。

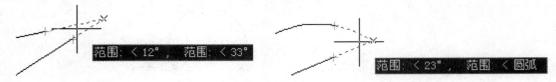

图 2-52　捕捉延长线交点

♥ 平行（PAR）：捕捉平行于所选路径上的点（图 2-53）。

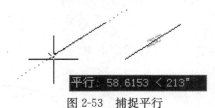

图 2-53　捕捉平行

♥ 无（NONE）：关闭此次选取的对象捕捉。

♥ 对象捕捉设置（OSNAP）：弹出"草图设置→对象捕捉"对话框。

**3. "草图设置→对象捕捉"对话框**（表 2-5）

表 2-5

| 命令 | dsettings |
| --- | --- |
| 快捷菜单 | 在状态栏 对象捕捉 单击鼠标右键选择"设置" |
| 工具栏 | 对象捕捉工具栏 |
| 菜单 | 工具→草图设置→对象捕捉 |
| 功能开关键 | 【F3】或状态栏 对象捕捉 |

运行命令，打开"草图设置→对象捕捉"对话框（图 2-54）。

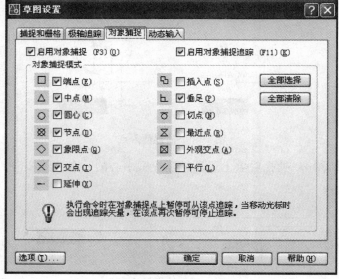

图 2-54　"对象捕捉"选项卡

**使用说明**

♥ 选择了的捕捉，在捕捉名称前有钩![checkmark]；

♥ 开启的对象捕捉在绘图或修改时，鼠标移动至图形上就会显示相应的捕捉符号；

♥ 将鼠标放在某一对象上，按【TAB】键能够循环选择该对象的捕捉；

♥ 单击草图设置的"选项..."，将打开"选项→草图"对话框进行设置（图2-55）。

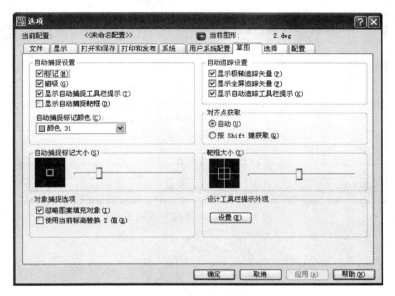

图2-55 "选项→草图"选项卡

### 2.3.4 草图设置—极轴追踪

沿着设置的角度显示极轴追踪（表2-6）。

表2-6

| 命令 | dsettings的"极轴追踪" |
|---|---|
| 快捷菜单 | 在状态栏 **极轴** 单击鼠标右键选择设置 |
| 菜单 | 工具→草图设置→极轴追踪 |
| 功能开关键 | F10或状态栏 **极轴** |

运行命令，打开"草图设置→极轴追踪"对话框（图2-56）。

"极轴追踪"与"正交"模式不能同时开启。

【例2-10】"极轴追踪"的"仅正交追踪"应用（图2-57）。

**步骤1** 在"捕捉和栅格"选项卡中设置（图2-58a）

1. 极轴间距：50

2. 捕捉类型和样式：极轴捕捉

**步骤2** 在"极轴追踪"选项卡中设置（图2-58b）

1. 极轴角设置→增量角：90

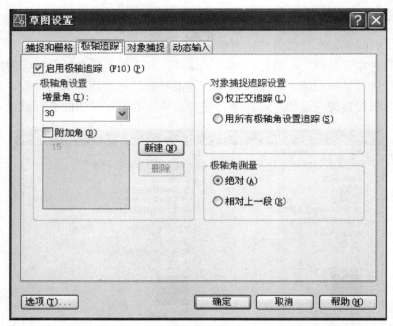

图 2-56 "极轴追踪"选项卡

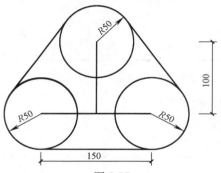

图 2-57

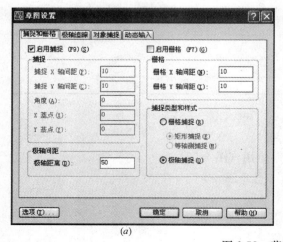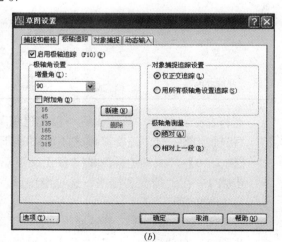

(a)                                                    (b)

图 2-58 草图设置（一）

（a）设置极轴捕捉距离；（b）极轴角设置

2. 对象捕捉追踪设置：仅正交追踪

通过以上设置，绘图时仅在 0°、90°、180°、270°方向上以 50 长度倍数追踪。

**步骤 3** 打开捕捉【F9】、极轴追踪【F10】

**步骤 4** 执行 line 直线和 circle 圆命令绘制图形。

【**例 2-11**】 "极轴追踪"的"用所有极轴角设置追踪"应用（图 2-59）。

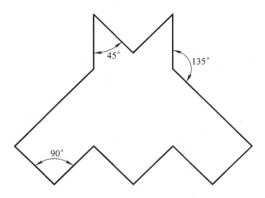

未注边长：短边长度＝50、长边长度＝100

图 2-59

**步骤 1** 在"捕捉和栅格"选项卡中设置（图 2-60a）

1. 极轴间距：50

2. 捕捉类型和样式：极轴捕捉

**步骤 2** 在"极轴追踪"选项卡中设置（图 2-60b）

1. 极轴角设置→增量角：45

2. 对象捕捉追踪设置：用所有极轴角设置追踪

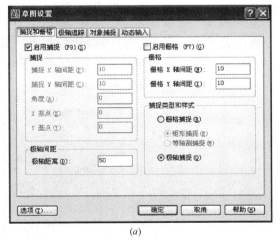

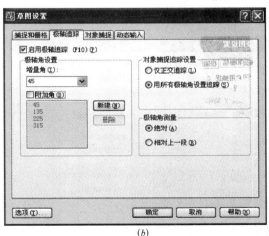

(a)　　　　　　　　　　　　　　　(b)

图 2-60　草图设置（二）

(a) 极轴捕捉和距离设置；(b) 增量角和对象追踪设置

　　通过以上设置，在 0°、45°、90°、135°、180°、225°、270°、315°方向上以 50 长度倍数追踪。

**步骤 3** 打开捕捉【F9】、极轴追踪【F10】

**步骤 4** 执行 line 直线命令绘制图形。

**【例 2-12】** "极轴追踪"的"极轴角设置→附加角"应用（图 2-61）。

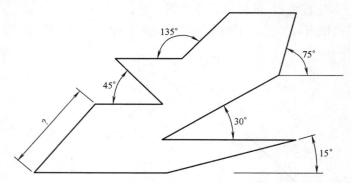

未注边长：短边长度＝50、长边长度＝100

图 2-61

**步骤 1** 在"捕捉和栅格"选项卡中设置（图 2-62a）

1. 极轴间距：50

2. 捕捉类型和样式：极轴捕捉

**步骤 2** 在"极轴追踪"选项卡中设置（图 2-62b）

1. 极轴角设置→增量角：45

2. 对象捕捉追踪设置：用所有极轴角设置追踪

3. 极轴角设置→附加角：15、30、75

4. 极轴角测量：绝对

通过以上设置，在 0°、15°、30°、45°、75°、90°、135°、180°、225°、270°、315°方向上以 50 长度倍数追踪。

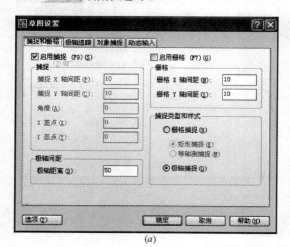

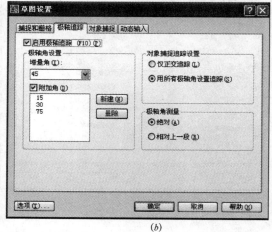

(a)  (b)

图 2-62　草图设置（三）

（a）极轴捕捉和距离设置；（b）附加角和极轴角测量设置

**步骤 3** 打开捕捉【F9】、极轴追踪【F10】

32

**步骤4** 执行 line 直线命令绘制图形。

**【例 2-13】** "极轴追踪"的"相对于上一段"（图 2-63）

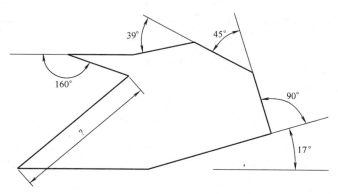

未注边长：短边长度＝50、长边长度＝100

图 2-63

**步骤1** 在"捕捉和栅格"选项卡中设置（图 2-64a）

1. 极轴间距：50
2. 捕捉类型和样式：极轴捕捉

**步骤2** 在"极轴追踪"选项卡中设置（图 2-64b）

1. 极轴角设置→增量角：45
2. 对象捕捉追踪设置：用所有极轴角设置追踪
3. 极轴角设置→附加角：17、39、160
4. 极轴角测量：相对于上一段

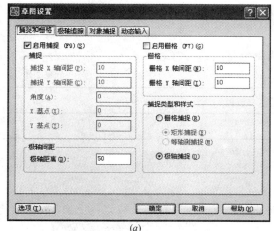
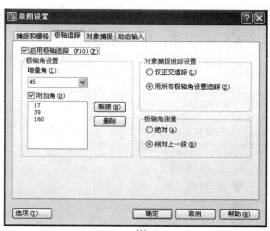

(a)　　　　　　　　　　　　　　(b)

图 2-64　草图设置（四）

(a) 极轴捕捉和距离设置；(b) 附加角和极轴角测量设置

通过以上设置，相对于上一线段在 0°、19°、39°、45°、90°、135°、160°、180°、225°、270°、315°方向上以 50 长度倍数追踪。

**步骤3** 打开捕捉【F9】、极轴追踪【F10】

**步骤4** 执行 line 直线命令绘制图形。

### 2.3.5 草图设置—对象捕捉追踪

沿着对象捕捉的对齐路径追踪（表2-7）。

表2-7

| 命令 | dsettings |
| --- | --- |
| 快捷菜单 | 在状态栏 对象追踪 单击鼠标右键选择设置 |
| 菜单 | 工具→草图设置→对象追踪 |
| 功能开关键 | F11 或状态栏 对象追踪 |

**使用说明**

♥ 在绘图时，打开"对象捕捉"和"对象追踪"，将十字光标在图形上移动，会出现许多小加号（＋）即追踪点（图2-65）。

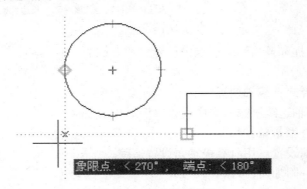

图2-65　对象捕捉追踪

♥ 清除追踪点：将光标移回追踪点。

### 2.3.6 草图设置—动态输入

绘图时命令如影随形进行提示，大有取消命令行的趋势（表2-8）。

表2-8

| 快捷菜单 | 在状态栏 DYN 单击鼠标右键选择设置 |
| --- | --- |
| 功能开关键 | F12 或状态栏 DYN |

**1. 使用说明**

♥ 绘直线命令（图2-66）

♥ 提示十字光标坐标（图2-67）

图2-66　输入命令

图2-67　十字光标坐标

♥ 移动光标提示长度和角度（图2-68）

♥ 输100，按【Tab】键锁定距离（图2-69）

图 2-68　输入直线长度

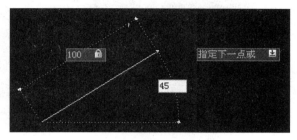

图 2-69　锁定长度 100

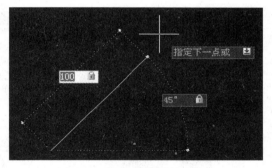

图 2-70　输入直线倾角并锁定

♥ 输 45 角度，按【Tab】键锁定角度（图 2-70）

♥ 命令扩展选项：按键盘的向下键，可见命令扩展选项，再用鼠标选取，或继续按向下键或向上键选择（图 2-71）。

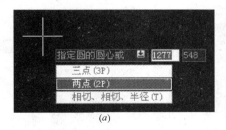
(a)

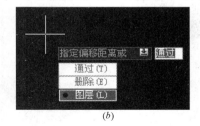
(b)

图 2-71　命令扩大选项

(a) 画圆命令；(b) 偏移命令

**2. 动态输入设置**

♥ 动态输入可做很多贴心设置（图 2-72）

♥ 指针输入设置（图 2-73）

♥ 标注输入设置（图 2-74）

♥ 设计工具栏提示外观（图 2-75）
♥ 模型空间和布局空间颜色调整（图 2-76）

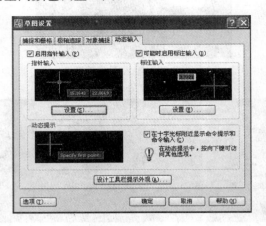

图 2-72　"草图设置→动态输入"选项卡

图 2-73　指针输入设置

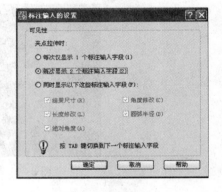

图 2-74　标注输入设置

图 2-75　工具栏外观

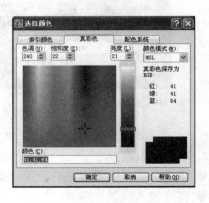

图 2-76　外观颜色

### 2.3.7 快速计算器（表2-9）

表2-9

| 命令 | quickcalc | 快捷键 | 【Ctrl】+8 |
|------|-----------|--------|-----------|

运行命令，打开"快速计算器"模板（图2-77）。

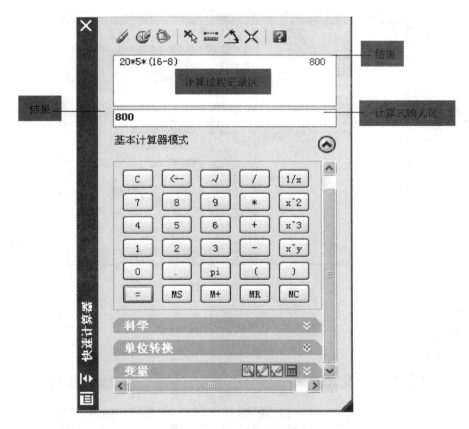

图2-77 "快速计算器"模板

**模板说明**

♥ 清除计算式输入内容

♥ 清除运算过程内容

♥ 将计算粘贴到命令行

♥ 取得选取点的坐标。在绘图区内选择一点，传回坐标信息。

♥ 取得选择的两点之间的距离。在绘图区内选择两点，传回距离信息。

♥ 取得由两点定义的直线的角度。在绘图区内选择两点，传回角度信息。

♥ 取得两直线的交点。在绘图区内选择四点，传回角点信息。

## 2.3.8 帮助

表 2-10

| 命令 | help | 快捷键 | F1 |
|------|------|--------|-----|

运行命令，打开"AutoCAD2006 帮助"对话框（图 2-78）。

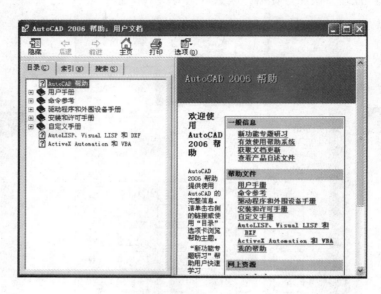

图 2-78 "帮助"对话框

**说明**

♥ 根据内容查询（图 2-79）

♥ 根据索引查询（图 2-80）

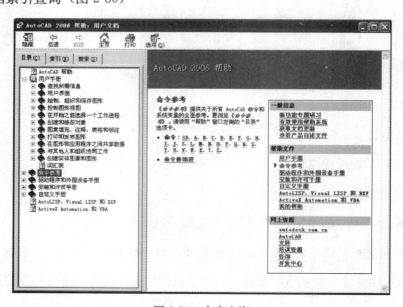

图 2-79 内容查询

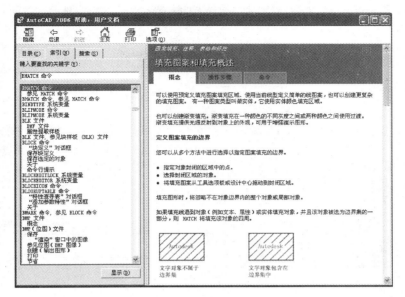

图 2-80 索引查询

# 2.4 视图显示控制

## 2.4.1 缩放

用以放大或缩小当前视口对象显示大小，但对象的实际尺寸不变（表 2-11）。

表 2-11

| 命令 | zoom | 快捷键 | Z |
|---|---|---|---|
| 图标 | 标准工具栏 | | |
| 菜单 | 视图→缩放 | | |

命令：zoom

指定窗口角点，输入比例因子（nX 或 nXP），或者

［全部（A）/中心点（C）/动态（D）/范围（E）/上一个（P）/比例（S）/窗口（W）］

＜实时＞：

**使用说明**

♥ **实时**（标准工具栏 ）：利用鼠标定点交互缩放显示（图 2-81）。

［全部（A）/中心（C）/动态（D）/范围（E）/上一个（P）/比例（S）/窗口（W）/对象（O）］＜实时＞：　　　　【Enter】

执行后，荧屏上十字光标变成 放大镜图标（图 2-82）。

1. 按住鼠标左键向上移动，屏幕上的图形放大；

2. 按住鼠标左键向下移动，屏幕上的图形缩小；

图 2-81

39

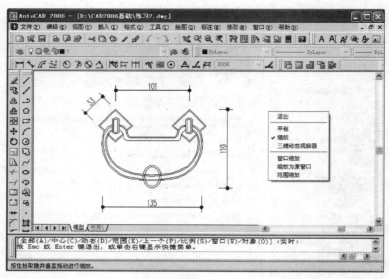

图 2-82

3. 单击鼠标右键，弹出光标菜单，用户可选择进一步的操作；

4. 按 ESC 键或回车键退出。

♥ **比例**（标准工具栏 ![icon]）：以指定的比例系数显示（图 2-83）。

[全部（A）/中心（C）/动态（D）/范围（E）/上一个（P）/比例（S）/窗口（W）/对象（O）] ＜实时＞:s

　　输入比例因子（nX 或 nXP）：

　　输入比例值，若数值后面加 X 即表示以当前的窗口为标准进行缩放，否则以图纸范围大小为标准进行缩放。

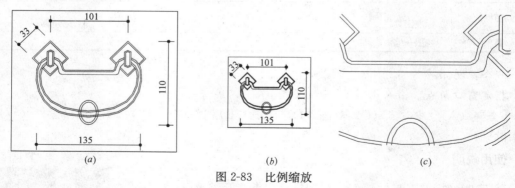

图 2-83　比例缩放

（a）当前窗口；（b）比例－0.5X；（c）比例＝2.5X

♥ **窗口**（标准工具栏 ![icon]）：输入矩形两个对角点确定窗口，即为显示区域（图 2-84）。

[全部（A）/中心（C）/动态（D）/范围（E）/上一个（P）/比例（S）/窗口（W）/对象（O）]＜实时＞:w

　　指定第一个角点：　　　　　　　　　　　　　　　　　　　　选取 1 点

　　指定对角点：　　　　　　　　　　　　　　　　　　　　　　选取 2 点

40

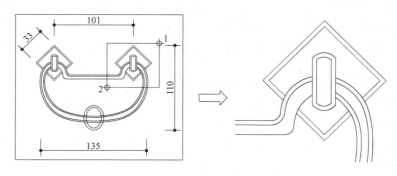

图 2-84  窗口缩放

♥ **全部**（标准工具栏 ）：显示图形界限或当前范围。

在视口中显示图形界限（limits 确定的范围）或当前范围，即哪个大显示哪个，即使图形超出了图形界限也能全部显示。

♥ **范围**（标准工具栏 ）：显示所有图形的范围。

与"全部"选项不同的是它只显示图形范围，而与图形界限无关。

♥ **上一个**（标准工具栏 ）：恢复上一次的视图显示，最多可恢复此前 10 次视图。

♥ **中心点**（标准工具栏 ）：显示由中心点和缩放比例或高度所定义的窗口（图2-85）。

［全部（A）/中心（C）/动态（D）/范围（E）/上一个（P）/比例（S）/窗口（W）/对象（O）］＜实时＞：c

| 指定中心点： | 选取 1 点 |
|---|---|
| 输入比例或高度＜168.82＞： | 选取 2 点 |
| 指定第二点： | 选取 3 点 |
| 输入比例或高度＜168.82＞： | 以输入高度值显示视图 |

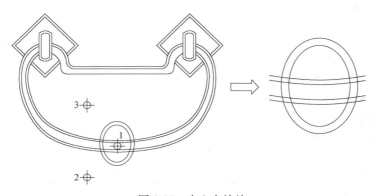

图 2-85  中心点缩放

♥ **动态**（标准工具栏 ）：动态显示视口图形。

选择动态选项后，绘图区会出现一个×和视图窗口，并可在屏幕上四处拖动窗口至不

41

同区域。若要缩放不同大小，可按下鼠标左键，视图窗口中的╳会变成一个箭头，拖动边界即可重定视图窗口的尺寸，在按鼠标左键，视图窗口中会在出现╳，当调整到用户希望的大小时，按鼠标右键或回车键，视图窗口包围的部分即成为当前视图。

♥ **对象**（标准工具栏 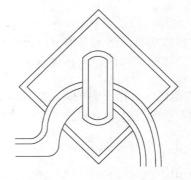）：放大显示所选择对象（图 2-86）。

［全部（A）/中心（C）/动态（D）/范围（E）/上一个（P）/比例（S）/窗口（W）/对象（O）］＜实时＞：O

| 选择对象： | 选取 1 点 |
|---|---|
| 指定对角点：找到 6 个 | 选取 2 点 |
| 选择对象： | 【enter】 |

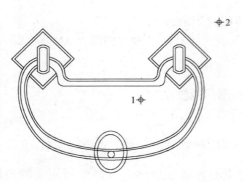

图 2-86  对象缩放

### 2.4.2  平移
平移当前视口（表 2-12）。

表 2-12

| 命令 | pan | 快捷键 | P |
|---|---|---|---|
| 图标 | 标准工具栏 | | |
| 菜单 | 视图→平移 | | |

命令：pan
按 Esc 或 Enter 键退出，或单击右键显示快捷菜单。
此时光标成手状，按住鼠标左键移动，则同步移动当前视口显示的图形进行观察。按 Esc 或 Enter 键可退出命令。

### 2.4.3  重画
快速重画当前屏幕图形（表 2-13）。

表 2-13

| 命令 | redraw | 快捷键 | R |
|---|---|---|---|
| 菜单 | 视图→重画 | | |

在绘图过程中，有时视图中会出现残留图形，此时利用重画命令，让屏幕重新整理一次就能重获完整的画面。

### 2.4.4 全部重画

快速重画屏幕上的全部图形（表 2-14）。

表 2-14

| 命令 | redwawall | 快捷键 | RA |
|------|-----------|--------|-----|

完全重画命令一次能将多个视口进行整理。

### 2.4.5 重生成

重生当前屏幕图形（表 2-15）。

表 2-15

| 命令 | regen | 快捷键 | RE |
|------|-------|--------|-----|
| 菜单 | 视图→重生成 | | |

重生成命令与重画命令相类似，并且它还能根据对象的屏幕坐标更新图面的数据库，同时也将系统变量重新产生一次，因此重生成命令所用的时间会较长（图 2-87）。

 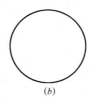

*(a)*                *(b)*

图 2-87 重生成

*(a)* 重生成前；*(b)* 重生成后

### 2.4.6 全部重生成

重生屏幕上的全部图形（表 2-16）。

表 2-16

| 命令 | regenall | 快捷键 | REA |
|------|----------|--------|-----|
| 菜单 | 视图→全部重生成 | | |

完全重生成命令一次能进行多个视口。

### 2.4.7 鸟瞰视图

"鸟瞰视图"窗口能显示整个图形，通过一个可操作的"宽边框"能够迅速确定视图显示（表 2-17）。

表 2-17

| 命令 | dsviewer | 快捷键 | AV |
|------|----------|--------|-----|
| 菜单 | 视图→鸟瞰视图 | | |

运行命令，弹出"鸟瞰视图"窗口（图 2-88）。

**窗口说明**（图 2-89）

**1. 菜单栏**

♥ **视图**：包括"放大、缩小、全局"三个菜单项。其中放大项用于放大图形，缩小

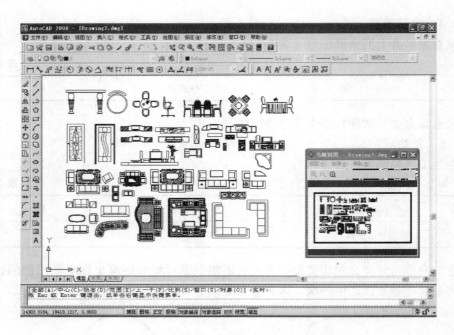

图 2-88　鸟瞰视图与绘图区关系

项用于缩小图形，全局项则用于显示整个图形。

　　♥ **选项**：包括"自动视口、动态更新、实时缩放"三个子菜单项。

　　自动视口：当显示多重视口时，自动显示当前视口的模型空间视图；

　　动态更新：用于控制在绘图窗口中编辑图形时，是否在鸟瞰视图窗口中动态地更新窗口中的图形；

　　实时缩放：用于实时缩放。

　　♥ **帮助**：提供与"鸟瞰视图"窗口功能有关的帮助。

　　**2. 工具栏**

　　鸟瞰视图窗口中的工具栏中有放大、缩小和全局三个按钮，分别用于图形的放大、缩小以及显示整个图形的操作（图 2-89）。

　　**3. 快捷菜单**

　　在"鸟瞰视图"窗口中单击鼠标右键，弹出一个快捷菜单，也可以利用该菜单执行鸟瞰视图窗口的各项功能。

　　**窗口使用**

　　**1. 缩放新区域的步骤**

　　♥ 在窗口中，在视图框内单击直到显示箭头为止；

　　♥ 向右拖动缩小视图，向左拖动放大视图；

　　♥ 单击鼠标右键结束缩放操作。

　　**2. 平移的步骤**

　　♥ 在窗口中，在视图框内单击直到显示 X 为止；

　　♥ 拖动改变视图；

　　♥ 单击鼠标右键结束平移操作。

图 2-89　"鸟瞰视图"窗口

# 上 机 练 习

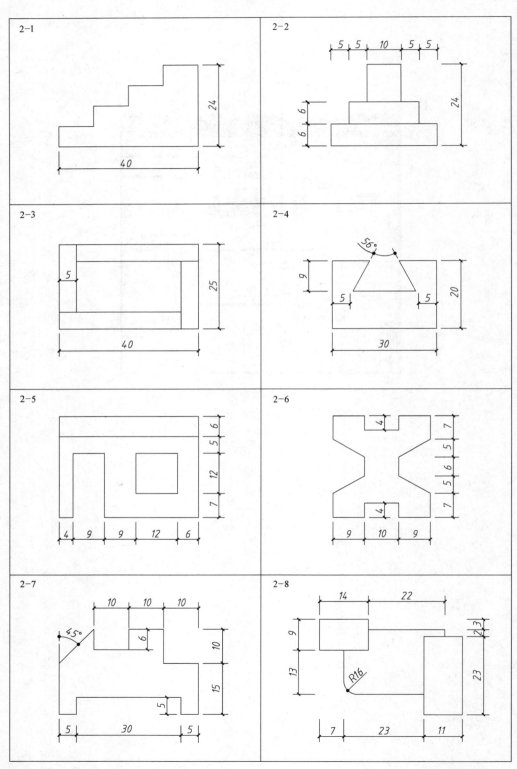

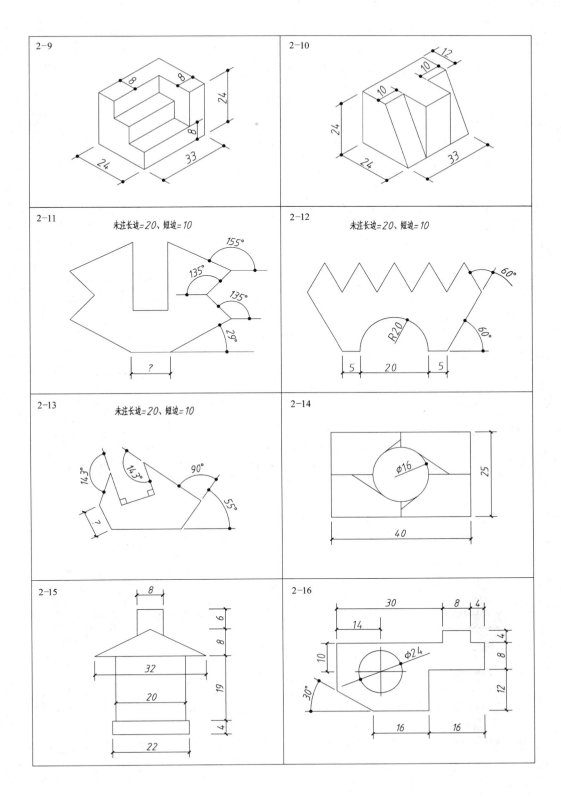

2-9

2-10

2-11  未注长边＝20、短边＝10

155°

135°

135°

29°

?

2-12  未注长边＝20、短边＝10

60°

R20

60°

5  20  5

2-13  未注长边＝20、短边＝10

14.3°  14.3°  90°

55°

?

2-14

φ16  25

40

2-15

8

6

8

32

20

19

4

22

2-16

30  8  4

14

φ24  4

10  8

30°  12

16  16

47

# 第3章 对象特性设置

## 3.1 图 层

图层如同多层重叠的透明投影片，每一层都可绘制图形，将所有层重叠起来构成最终的图形。通过"图层特性管理器"用户可以创建图层，设置图层的特性和状态（表3-1）。

表 3-1

| 命令 | layer | 快捷键 | LA |
|---|---|---|---|
| 图标 | 图层工具栏 | | |
| 菜单 | 格式→图层 | | |

命令：layer 打开"图层特性管理器"对话框（图3-1）

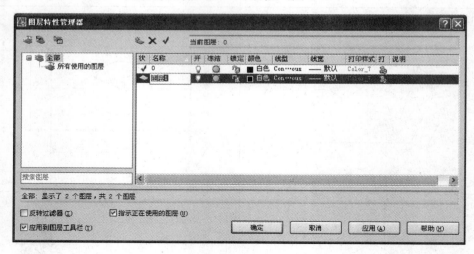

图 3-1 "图层特性管理器"对话框

### 1. 创建新图层

♥ 点击新建按钮，列表中将多出一个"图层1"，不必点击该项直接输入新图层名，可以保留此名。

♥ 设置图层的颜色：选取要修改的图层的颜色符号（白色），打开"选择颜色→索引颜色"对话框（图3-2）。

选取要设置的颜色再单击"确定"即可（图3-3）。

除了"索引颜色"供用户选取，"真彩色"和"配色系统"有更多的颜色供选择（图

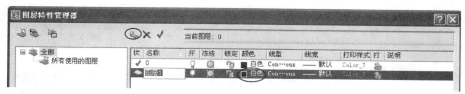

图 3-2　选择颜色

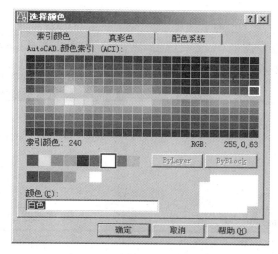

图 3-3　"索引颜色"选项卡

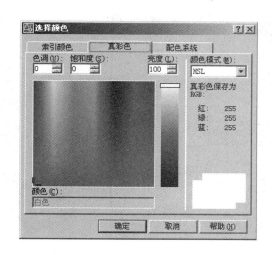

图 3-4　"真彩色"选项卡

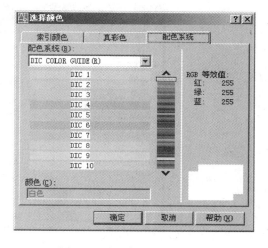

图 3-5　"配色系统"选项卡

3-4～图 3-5)。

在绘图中经常不同的图层选择不同的颜色。

♥ 设置图层的线型：选取要修改的图层的线型名称（continuous），打开"选择线型"对话框（图 3-6～图 3-7)。

目前尚未加载任何线型，只有 continuous 一种，单击"加载"打开"加载或重载线型"对话框（图 3-8)。

图 3-6　选择线型

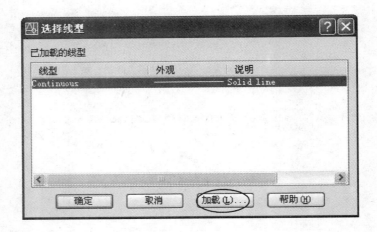

图 3-7　"选择线型"对话框

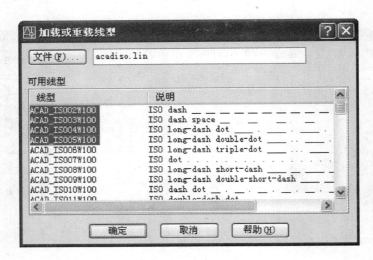

图 3-8　加载线型

　　选择绘图中需用线型，再单击"确定"加载完毕，回到"选择线型"对话框，在"选择线型"对话框中将显示加载的线型（图 3-9）。

　　选择线型（如选择单点长画线），单击"确定"，回到"图层特性管理器"对话框，新线型已经设置上了（图 3-10）。

　　♥ 设置图层的线宽

　　选取要修改的图层的线宽名称（——默认），打开"线宽"对话框（图 3-11）。

50

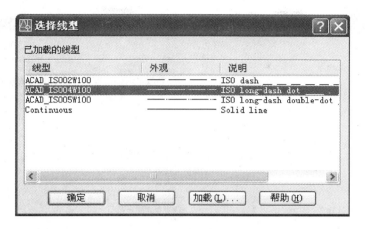

图 3-9　设置线型

图 3-10　选择线宽

图 3-11　设置线宽

选择适应的线宽，单击"确定"即可。

**2. 删除图层**

选定要删除的图层，单击 ✖ 按钮即可（图 3-12）。

但要注意被删除的图层要不含有任何对象，否则会出现警告提示（图 3-13）。

**3. 设置当前图层**

图 3-12　选择删除图层

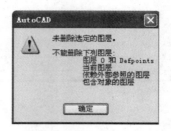

图 3-13　删除图层提示

♥ 方法 1

选定要设置的图层，单击 ✔ 按钮或直接双击图层名（图 3-14）。

图 3-14　设置图层

♥ 方法 2

在图层工具栏下拉列表中，选择要切换的图层名称（图 3-15）。

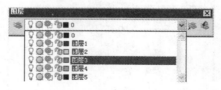

图 3-15　"图层"工具框

♥ 方法 3

单击图层工具栏的 ⬛ 或执行下列命令：

命令：ai_molc

选择将使其图层成为当前图层的对象：　　　　选择要更换图层 3 的参考对象

图层 3 现在是当前图层。

**4. 图层状态**

♥ 开💡/关💡

在关闭状态下，该层上的图形对象不能显示出来，也不能打印输出，即使打印选项是打开的。

♥ 解冻 ◯/冻结 ▦

冻结的图层对象也不能显示或打印。与关闭图层不同的是，冻结图层，再重生成时将不考虑该层上的对象，冻结图层可以加快 ZOOM、PAN 和其他一些操作的运行速度，增强对象选择的性能并减少复杂图形的重生成时间。而关闭图层，在刷新时仍然要重新计算该层上的对象。

♥ 解锁 🔓/锁定 🔒

图层在锁定状态下，该层上的图形对象不能被选择，更不能进行编辑修改，但该层上的所有对象都可见，可以做对象捕捉参考点。

♥ 开/关、解冻/冻结、解锁/锁定的切换

在图层工具栏列表中，单击开/关、解冻/冻结、解锁/锁定图标即可（图 3-16）。

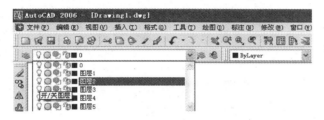

图 3-16　图层状态设置

### 5. 将图层设置状态保存与恢复

♥ 先将图层开/关、冻结/解冻、锁定/解锁、颜色、线型设置好（图 3-17）。

图 3-17　图层设置

♥ 单击右上角"图层状态管理器 🗁"，打开"图层状态管理器"对话框（图 3-18）。

♥ 单击"新建"，建立一组图层状态（图 3-19）。

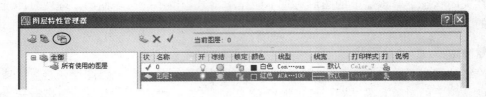

图 3-18  选择保存

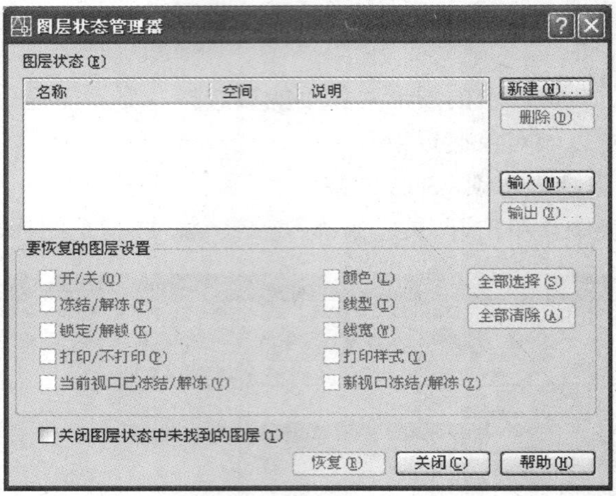

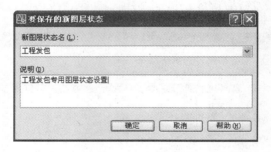

图 3-19  "图层状态管理器"对话框

输入要保存的名称和相关说明后，单击"确定"（图 3-20）。

图 3-20  "要保存的新图层状态"对话框

♥ 快速恢复刚保存的设置状态

单击右上角"图层状态管理器 🔲"，打开"图层状态管理器"对话框（图 3-21），其中各项含义：

恢复：将已保存的状态恢复为当前设置状态。

删除：删除已存在的保存状态。

输入：将输出的保存状态文件（*.las）输入。

输出：将当前保存状态输出成 *.las 文件。

直接点击名称、说明文字，即可编辑修改。

图 3-21　图层状态提示

## 3.2　上一个图层

将前一个使用图层设为当前层（表 3-2）。

表 3-2

| 命令 | layerp | 快捷键 | 无 |
|---|---|---|---|
| 图标 | 图层工具栏 | | |

命令：layerp
已恢复上一个图层状态。

## 3.3　颜　　色

设置对象颜色，默认值为随层（bylayer）（表 3-3）。

表 3-3

| 命令 | color | 快捷键 | COL |
|---|---|---|---|
| 图标 | 对象特性工具栏 | | |
| 菜单 | 格式→颜色 | | |

命令：color
打开"选择颜色"对话框，选择要设置的颜色，单击"确定"即可（图 3-22～图 3-24）。

55

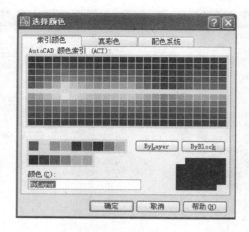

图 3-22　索引颜色

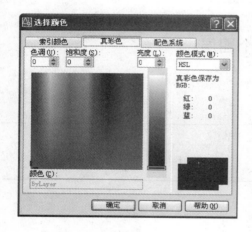

图 3-23　真彩色

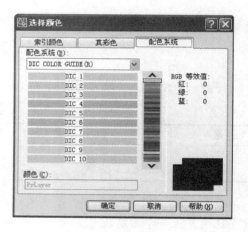

图 3-24　配色系统

## 3.4　线　　型

设置对象的线型，默认值为随层（Bylayer）（表 3-4）。

表 3-4

| 命令 | linetype | 快捷键 | LT |
|---|---|---|---|
| 图标 | 对象特性工具栏 | | |
| 菜单 | 格式→线型 | | |

命令：linetype

打开"线型管理器"对话框（图 3-25）。

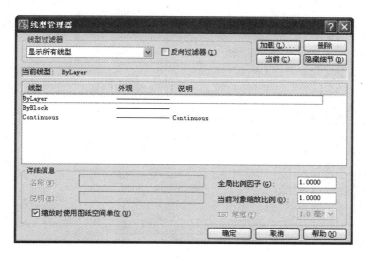

图 3-25　线型管理器

**1. 说明**

❤ 线型过滤器：选择要显示的线型，默认为显示所有线型。

❤ 加载：装入新线型。

❤ 删除：删除选定的线型。

❤ 当前：将选择的线型设置为当前线型。

❤ 显示细节/隐藏细节：打开或关闭对话框下部的"详细信息"提示。

❤ 名称/说明：显示了在线型列表框中所选线型的名称和描述文字。

❤ 全局比例因子：用于设置线型的全局比例。它对图形中已经存在的对象和新绘制的新对象都有效（当所绘制线型显示不出来时调整此项）（图 3-26）。

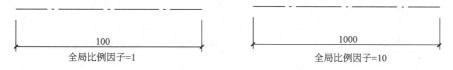

图 3-26　全局比例因子设置

❤ 当前对象缩放比例：设置新建对象的线型比例。对象的最终比例是全局比例因子与该对象比例因子的乘积。

❤ 缩放时使用图纸空间单位：按相同的比例在图纸空间和模型空间缩放线型。当使用了多个视图时，该选项很有用。

❤ ISO 笔宽：将线型比例设置为标准 ISO 值列表中的一个。最终的比例是全局比例因子与该对象比例因子的乘积。

**2. 线型设置**

❤ 单击"加载"出现 scadiso. lin 所定义的线型文件（图 3-27）。

❤ 选取所需线型（按【Ctrl】可加选），单击"确定"返回"线型管理器"对话框，完成加载（图 3-28）。

❤ 选择线型：打开线型列表，选取线型即可（图 3-29）。

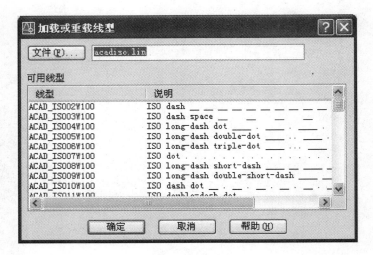

图 3-27　加载线型

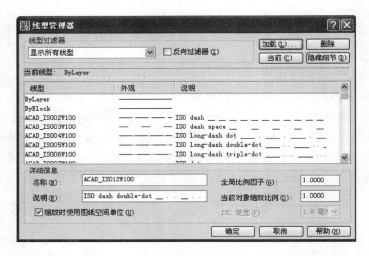

图 3-28　线型管理器

图 3-29　选择线型

# 3.5　线　　宽

设置对象的线宽，默认值为随层（bylayer）（表 3-5）。

命令：lweight

打开"线宽设置"对话框（图 3-30）。

表 3-5

| 命令 | lweight | 快捷键 | LW |
|---|---|---|---|
| 图标 | 对象特性工具栏 | | |
| 菜单 | 格式→线宽 | | |

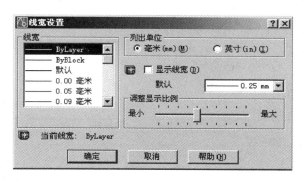

图 3-30　"线宽设置"对话框

**对话框说明**

♥ 线宽：列出全部线宽。选择其中一个线宽后单击"确定"按钮，则将该线宽设置为当前线宽。

♥ 列出单位：确定线宽的单位——mm 或 in。

♥ 显示线宽：设置是否按照线宽来显示图形对象，也可用状态栏中的"线宽"按钮切换（图 3-31）。

图 3-31　线宽显示设置

♥ 默认：设置"当前所使用线宽与整体线宽的默认值。

♥ 调整显示比例：设置线宽在屏幕上的显示比例精确度的效果。

# 第4章 绘制命令

## 4.1 射　　线

创建单向无限长辅助线（表 4-1）。

表 4-1

| 命令 | ray | 快捷键 | 无 |
|---|---|---|---|
| 菜单 | 绘图→射线 | | |

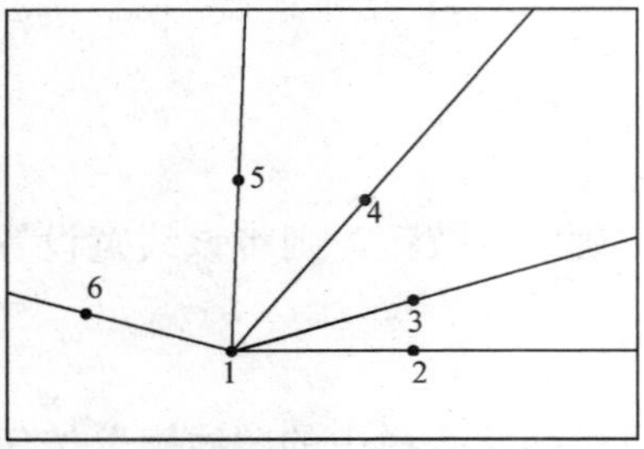

命令：ray

指定起点：　　　　　　　　　　　　　选取点 1

指定通过点：　　　　　　　　　　　　选取点 2

指定通过点：　　　　　　　　　　　　选取点 3

指定通过点：　　　　　　　　　　　　选取点 4

指定通过点：　　　　　　　　　　　　选取点 5

指定通过点：　　　　　　　　　　　　选取点 6

指定通过点：　　　　　　　　　　【Enter】（图 4-1）

图 4-1　绘射线

## 4.2　构　造　线

绘制双向无限长辅助线（表 4-2）。

表 4-2

| 命令 | xline | 快捷键 | XL |
|---|---|---|---|
| 图标 | 绘图工具栏 | | |
| 菜单 | 绘图→构造线 | | |

命令：xline

指定点或［水平（H）/垂直（V）/角度（A）/二等分（B）/偏移（O）］：

**选项说明**

♥ **任意角度**（图 4-2）。

指定点或［水平（H）/垂直（V）/角度（A）/二等分
（B）/偏移（O）］：　　　　　　　　选取点 1

指定通过点：　　　　　　　　　　　　选取点 2

指定通过点：　　　　　　　　　　　　选取点 3

指定通过点：　　　　　　　　　　　　选取点 4

指定通过点：　　　　　　　　　　【Enter】

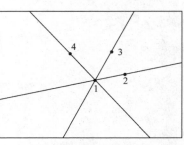

图 4-2　绘构造线

♥ **水平：** 绘制通过指定点的水平构造线（图 4-3）。

指定点或［水平（H）/垂直（V）/角度（A）/二等分（B）/偏移（O）］：H

指定通过点：　　　　　　　　　　　　　选取点 1

指定通过点：　　　　　　　　　　　　　选取点 2

指定通过点：　　　　　　　　　　　　　选取点 3

指定通过点：　　　　　　　　　　　　　【Enter】

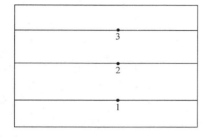

图 4-3　绘水平构造线　　　　　　　　　　图 4-4　绘垂直构造线

♥ **垂直：** 绘制通过指定点的垂直构造线（图 4-4）。

指定点或［水平（H）/垂直（V）/角度（A）/二等分（B）/偏移（O）］：V

指定通过点：　　　　　　　　　　　　　选取点 1

指定通过点：　　　　　　　　　　　　　选取点 2

指定通过点：　　　　　　　　　　　　　选取点 3

指定通过点：　　　　　　　　　　　　　【Enter】

♥ **角度：** 绘制与 *X* 轴或某已知直线正方向成指定角度的构造线

指定点或［水平（H）/垂直（V）/角度（A）/二等分（B）/偏移（O）］：A

**① 与 *X* 轴正方向成指定角度的构造线**（图 4-5）。

输入构造线角度（0）或［参照（R）］：45　　　输入角度

指定通过点：　　　　　　　　　　　　　选取点 1

指定通过点：　　　　　　　　　　　　　选取点 2

指定通过点：　　　　　　　　　　　　　选取点 3

指定通过点：　　　　　　　　　　　　　【Enter】

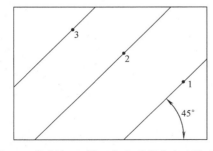

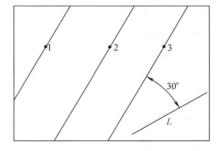

图 4-5　绘制与 *X* 轴正方向成指定角度构造线　　　图 4-6　绘制与已知直线成指定角度构造线

② **与已知直线正方向成指定角度**（图 4-6）。

输入构造线角度（0）或［参照（R）］：R
选择直线对象：　　　　　　　　　　　　　选取直线 L
输入参照线角度＜0＞：30　　　　　　　　输入角度
指定通过点：　　　　　　　　　　　　　　选取点 1
指定通过点：　　　　　　　　　　　　　　选取点 2
指定通过点：　　　　　　　　　　　　　　选取点 3
指定通过点：　　　　　　　　　　　　　　【Enter】

♥ **二等分**：绘制平分已知角的构造线（图 4-7）。

指定点或［水平（H）/垂直（V）/角度（A）/二等分（B）/偏移（O）］：B
指定角的顶点：　　　　　　　　　　　　　选取点 1
指定角的起点：　　　　　　　　　　　　　选取点 2
指定角的端点：　　　　　　　　　　　　　选取点 3
指定角的端点：　　　　　　　　　　　　　【Enter】

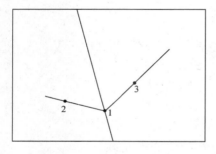

图 4-7　绘已知角平分构造线

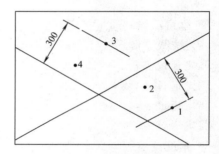

图 4-8　绘偏移构造线

♥ **偏移**：绘制与指定线平行的构造线（图 4-8）。

指定点或［水平（H）/垂直（V）/角度（A）/二等分（B）/偏移（O）］：O
指定偏移距离或［通过（T）］＜1＞：300　　输入偏移量
选择直线对象：　　　　　　　　　　　　　选取点 1
指定向哪侧偏移：　　　　　　　　　　　　选取点 2
选择直线对象：　　　　　　　　　　　　　选取点 3
指定向哪侧偏移：　　　　　　　　　　　　选取点 4
选择直线对象：　　　　　　　　　　　　　【Enter】

# 4.3　徒　手　画　线

创建一系列徒手画线段（表 4-3）。

表 4-3

| 命令 | sketch | 快捷键 | 无 |
|------|--------|--------|-----|

命令：sketch

记录增量 <1.0000>：　　　　　　　　　　　　输入增量距离

徒手画。画笔（P）/退出（X）/结束（Q）/记录（R）/删除（E）/连接（C）。

<笔落>　　　　　　　　　　　　　　　　输入选项或单机鼠标左键结束画线

<笔提>　　　　　　　　　　　　　　　　输入选项或单机鼠标左键结束画线

已记录 278 条直线。　　　　　　　　　回应绘制线段数

**选项说明**

♥ **画笔（P）**：提笔和落笔。

♥ **退出（X）**：记录及报告临时徒手画线段数并结束命令。

♥ **结束（Q）**：放弃从开始调用 SKETCH 命令，并结束命令。

♥ **记录（R）**：记录已完成的线段数且不改变画笔的位置。

♥ **删除（E）**：删除临时线段，如果画笔再落下则继续开始画线。

♥ **连接（C）**：连接上一个点并落笔继续开始画线。

# 4.4　多　段　线

绘制具有不同宽度的直线或圆弧组合而成的连续线，注意整条线为一个对象（表 4-4）。

表 4-4

| 命令 | pline | 快捷键 | PL |
|---|---|---|---|
| 图标 | 绘图工具栏 | | |
| 菜单 | 绘图→多段线 | | |

命令：pline

指定起点：　　　　　　　　　　　　　　输入起点

当前线宽为 0.0000　　　　　　　　　　提示当前线宽

指定下一点或 ［圆弧（A）/闭合（C）/半宽（H）/长度（L）/放弃（U）/宽度（W）］：

**选项说明**

♥ **半宽（H）**：指定从多段线线段的中心到其一边的宽度（图 4-9）。

指定起点半宽<0.0000>：8　　　　　　起点线半宽

指定端点半宽<2.0000>：0　　　　　　起点线半宽

♥ **宽度（W）**：指定下一条直线段的宽度（图 4-9）。

指定起点宽度<0.0000>：8　　　　　　起点线宽

指定端点宽度<4.0000>：8　　　　　　端点线宽

♥ **闭合（C）**

与起始点连接，形成闭合的段线。

♥ **长度（L）**：在与前一线段相同的角度方向上绘制指定长度的直线段。如果前一线段是圆弧，将绘制与该弧线段相切的新直线段。

♥ **放弃（U）**：退回上一操作位置。

♥ **圆弧（A）**：切换到画圆弧模式，提示：

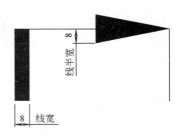

图 4-9　绘多段线

63

指定圆弧的端点或

[角度（A）/圆心（CE）/闭合（CL）/方向（D）/半宽（H）/直线（L）/半径（R）/（S）/放弃（U）/宽度（W）]：

确定圆弧的端点或选择一个选项。其中"角度（A）、圆心（CE）、方向（D）、半径（R）"项与绘圆弧命令相同；"闭合 CL）、放弃（U）、宽度（W）"与上边各选项类同；"直线（L）"切换回画直线模式。

【例 4-1】 绘十字（图 4-10）。

图 4-10

命令：pline

指定起点： 选取 1 点

当前线宽为 0.00

指定下一个点或 [圆弧（A）/半宽（H）/长度（L）/放弃（U）/宽度（W）]：w

指定起点宽度<0.00>：5

指定端点宽度<5.00>：

指定下一个点或 [圆弧（A）/半宽（H）/长度（L）/放弃（U）/宽度（W）]：5 沿 Y 方向

指定下一点或 [圆弧（A）/闭合（C）/半宽（H）/长度（L）/放弃（U）/宽度（W）]：w

指定起点宽度<5.00>：15

指定端点宽度<15.00>：

指定下一点或 [圆弧（A）/闭合（C）/半宽（H）/长度（L）/放弃（U）/宽度（W）]：5

　　　　　　　　　　　　　　　　　　　　　　　　　　　　　　　　　　沿 Y 方向

指定下一点或 [圆弧（A）/闭合（C）/半宽（H）/长度（L）/放弃（U）/宽度（W）]：w

指定起点宽度<15.00>：5

指定端点宽度<5.00>：

指定下一点或 [圆弧（A）/闭合（C）/半宽（H）/长度（L）/放弃（U）/宽度（W）]：5

　　　　　　　　　　　　　　　　　　　　　　　　　　　　　　　　　　沿 Y 方向

指定下一点或 [圆弧（A）/闭合（C）/半宽（H）/长度（L）/放弃（U）/宽度（W）]：【Enter】

【例 4-2】 绘制图 4-11 所示图形。

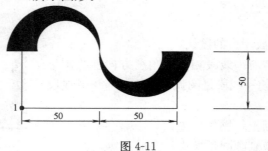

图 4-11

命令：pline

指定起点：                                                          选取 1 点

当前线宽为 0.00

指定下一个点或［圆弧（A）/半宽（H）/长度（L）/放弃（U）/宽度（W）］：50
                                                                沿 Y 方向

指定下一个点或［圆弧（A）/半宽（H）/长度（L）/放弃（U）/宽度（W）］：w

指定起点宽度＜0.00＞：20

指定端点宽度＜0.00＞：0

指定下一点或［圆弧（A）/闭合（C）/半宽（H）/长度（L）/放弃（U）/宽度（W）］：a
                                                                圆弧模式

指定圆弧的端点或

［角度（A）/圆心（CE）/闭合（CL）/方向（D）/半宽（H）/直线（L）/半径（R）/第二个点（S）/放弃（U）/宽度（W）］：50                                  沿 X 方向

指定圆弧的端点或

［角度（A）/圆心（CE）/闭合（CL）/方向（D）/半宽（H）/直线（L）/半径（R）/第二个点（S）/放弃（U）/宽度（W）］：w

指定起点宽度＜0.0000＞：0

指定端点宽度＜0.0000＞：20

指定圆弧的端点或

［角度（A）/圆心（CE）/闭合（CL）/方向（D）/半宽（H）/直线（L）/半径（R）/第二个点（S）/放弃（U）/宽度（W）］：50                                  沿 X 方向

指定圆弧的端点或

［角度（A）/圆心（CE）/闭合（CL）/方向（D）/半宽（H）/直线（L）/半径（R）/第二个点（S）/放弃（U）/宽度（W）］：w

指定起点宽度＜20.0000＞：0

指定端点宽度＜0.0000＞：

指定圆弧的端点或

［角度（A）/圆心（CE）/闭合（CL）/方向（D）/半宽（H）/直线（L）/半径（R）/第二个点（S）/放弃（U）/宽度（W）］：1                                  直线模式

指定下一点或［圆弧（A）/闭合（C）/半宽（H）/长度（L）/放弃（U）/宽度（W）］：50                                                                沿 Y 方向

指定下一点或［圆弧（A）/闭合（C）/半宽（H）/长度（L）/放弃（U）/宽度（W）］：c


# 4.5  多　　线

## 4.5.1  多线样式（表4-5）

表4-5

| 命令 | mlstyle | 快捷键 | 无 |
|---|---|---|---|
| 菜单 | 格式→多线样式 | | |

命令：mlstyle　　　打开"多线样式"对话框（图 4-12）。

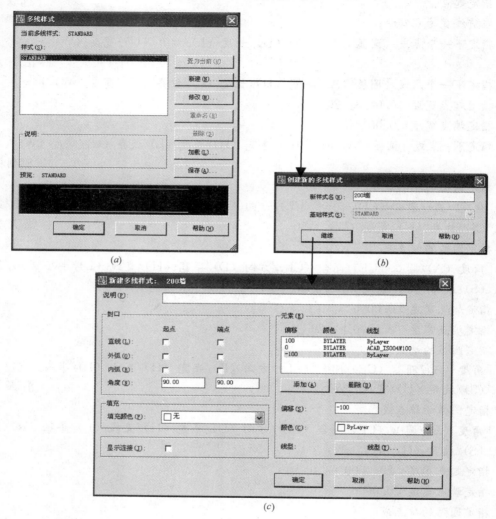

图 4-12　多线样式设置

（*a*）"多线样式"对话框；（*b*）创建新的多线样式；（*c*）新建多线样式

**1. "多线样式"对话框**　创建、修改、保存和加载多线样式

♥ 当前多线样式：显示当前多线样式的名称。

♥ 样式：显示已加载到图形中的多线样式列表。

♥ 说明：描述选定多线样式。

♥ 预览：显示选定多线样式的名称和图像。

♥ 置为当前：设置创建的多线为当前多线样式。

♥ 新建：打开"创建新的多线样式"对话框，从中可以创建新的多线样式。

♥ 修改：打开"修改多线样式"对话框，从中可以修改选定的多线样式。不能修改默认的 STANDARD 多线样式。

♥ 重名命名：重命名当前选定的多线样式。不能重命名 STANDARD 多线样式。

♥ 删除：从"样式"列表中删除当前选定的多线样式。

♥ 加载：打开"加载多线样式"对话框，从指定的 MLN 文件中加载多线样式。

♥ 保存：将多线样式保存或复制到多线库（MLN）文件。

**2. "创建新的多线样式"命名新的多线样式**

♥ 新样式名：命名新的多线样式。只有输入新名称并单击"继续"后，元素和多线特征才可用。

♥ 基础样式：确定要用于创建新多线样式的多线样式。要节省时间，请选择与要创建的多线样式相似的多线样式。

♥ 继续：打开"新建多线样式"对话框。

**3. "新建多线样式"对话框** 设置新多线样式的特性和元素。

♥ 封口：控制多线起点和端点封口形式。设置多线每个终点是线还是弧，及角度值。

♥ 填充：控制多线的背景填充。多线是否填充背景颜色和确定背景颜色。

♥ 显示连接：控制每条多线转折处连接的显示。

♥ 元素：用来加入或减去元素，更改元素的线型，颜色和偏移量。

添加：加入元素（直线）

删除：减去元素（直线）

偏移、颜色、线型：设置元素的偏移量值、显示颜色、线型样式（图 4-13）。

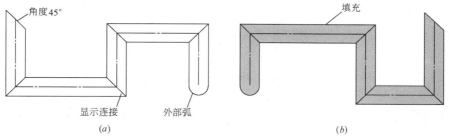

图 4-13 多段线"封口与填充"

（*a*）多段线"封口"设置；（*b*）多段线"填充"设置

### 4.5.2 多线

绘制多线命令（表 4-6）。

表 4-6

| 命令 | mline | 快捷键 | ML |
|------|-------|--------|-----|
| 图标 | 绘图工具栏 | | |
| 菜单 | 绘图→多线 | | |

命令：mline

当前设置：对正＝上，比例＝20.00，样式＝STANDARD

指定起点或［对正（J）/比例（S）/样式（ST）］： 指定起点

指定下一点或［闭合（C）/放弃（U）］： 与直线命令相同

选项说明

♥ **对正（J）**

输入对正类型 ［上（T）/无（Z）/下（B）］＜上＞：　　　　选择对正形式（图 4-14）

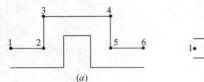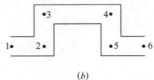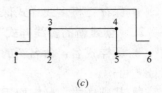

图 4-14　绘多线"对正"设置

（*a*）对正；（*b*）无对正；（*c*）下对正

♥ **比例（S）**

输入多线比例＜20.00＞：　　　　　　　　　　输入比例系数（图 4-15）

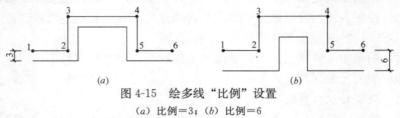

图 4-15　绘多线"比例"设置

（*a*）比例＝3；（*b*）比例＝6

♥ **样式（ST）**

输入多线样式名或 ［?］：　　　　　　　　　输入已设置的多线名或"?"

输入"?"命令行会提示已有的多线样式名。

# 4.6　样 条 曲 线

通过指定点绘制光滑的不规则二次或三次（NURBS）样条曲线（表 4-7）。

表 4-7

| 命令 | spline | 快捷键 | | SPL |
| --- | --- | --- | --- | --- |
| 图标 | 绘图工具栏 ～ | | | |
| 菜单 | 绘图→样条曲线 | | | |

命令：spline

指定第一个点或 ［对象（O）］：　　　　　　　指定起始点或选择"对象（O）"

指定下一点或 ［闭合（C）/拟合公差（F）］＜起点切向＞：　　　输入第二点

……

指定起点切向：　　　　　　　　　　　指出起点切线方向

指定端点切向：　　　　　　　　　　　指出终点切线方向（图 4-16）

选项说明

♥ **对象（O）**：将由样条曲线拟合成的多段线转换成样条曲线。

♥ **闭合（C）**：将最后一点与起始点相切连接形成闭合的样条曲线。

起始切线方向　　　　　　　　　　　　　　　　　　端点切线方向

图 4-16　绘样条曲线

♥ **拟合公差（F）**：修改拟合的误差准许值（默认值为 0）。

## 4.7　正多边形

绘指定格式的等边多边形（表 4-8）。

表 4-8

| 命令 | polygon | 快捷键 | POL |
|---|---|---|---|
| 图标 | 绘图工具栏 ⬠ | | |
| 菜单 | 绘图→正多边形 | | |

命令：polygon

输入边的数目<4>：　　　　　　　　　　　　输入多边形的边数

指定正多边形的中心点或［边（E）］：　　　　　输入中心点

**选项说明**

♥ **指定正多边形的中心点**：通过多边形的内接或外切圆绘制正多边形［图 4-17（a）］。

指定正多边形的中心点或［边（E）］：　　　　　指定中心点

输入选项［内接于圆（I）/外切于圆（C）］<I>：　　I 或 C 模式

指定圆的半径：60　　　　　　　　　　　　　　输入半径值

♥ **边（E）**：根据多边形上一条边的两个端点绘制正多边形［图 4-17（b）］。

指定正多边形的中心点或［边（E）］：E　　　　　E 模式

指定边的第一个端点：　　　　　　　　　　　　输入多边形某边端点

指定边的第二个端点：　　　　　　　　　　　　输入边终点

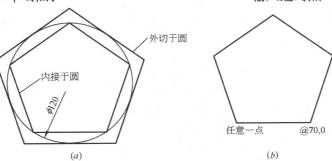

图 4-17　绘多边形

（a）绘内接于圆和外切于圆的多边形；（b）绘指定边长多边形

# 4.8 矩　形

绘矩形命令（表4-9）。

表 4-9

| 命令 | rectang | | 快捷键 | REC |
|---|---|---|---|---|
| 图标 | 绘图工具栏 □ | | | |
| 菜单 | 绘图→矩形 | | | |

命令：rectang

指定第一个角点或［倒角（C）/标高（E）/圆角（F）/厚度（T）/宽度（W）］：
　　　　　　　　　　　　　　　　　　　　　　　输入矩形第一个角点

指定另一个角点：　　　　　　　　　　　　　　　输入矩形角顶点（图4-18）

　　　　　　　　　　第一个角点
　　　　　　　图 4-18　绘矩形（一）

**选项说明**

♥ **倒角（C）**：设定矩形四顶角的倒角大小如图4-19（a）所示。

指定第一个角点或［倒角（C）/标高（E）/圆角（F）/厚度（T）/宽度（W）］：C
　　　　　　　　　　　　　　　　　　　　　　　　　倒角模式

指定矩形的第一个倒角距离＜10.0000＞：20　　　第一边倒角尺寸
指定矩形的第二个倒角距离＜10.0000＞：10　　　第二边倒角尺寸

♥ **标高（E）**：确定矩形在三维中的基面高度如图4-19（b）所示。

指定第一个角点或［倒角（C）/标高（E）/圆角（F）/厚度（T）/宽度（W）］：E
　　　　　　　　　　　　　　　　　　　　　　　　　标高模式

指定矩形的标高＜0＞：80　　　　　　　　　　　　　高度值

♥ **圆角（F）**：设定矩形四顶角的圆角半径如图4-19（c）所示。

指定第一个角点或［倒角（C）/标高（E）/圆角（F）/厚度（T）/宽度（W）］：F
　　　　　　　　　　　　　　　　　　　　　　　　　圆角模式

指定矩形的圆角半径＜0＞：20　　　　　　　　　　　圆角半径

♥ **厚度（T）**：设置矩形厚度，即Z方向的高度如图4-19（d）所示。

指定第一个角点或［倒角（C）/标高（E）/圆角（F）/厚度（T）/宽度（W）］：T
　　　　　　　　　　　　　　　　　　　　　　　　　厚度模式

指定矩形的厚度＜0.0000＞：80　　　　　　　　　　厚度值

♥ **宽度（W）**：设置线条宽度（图4-20a）。

指定第一个角点或［倒角（C）/标高（E）/圆角（F）/厚度（T）/宽度（W）］：W
　　　　　　　　　　　　　　　　　　　　　　　　　宽度模式

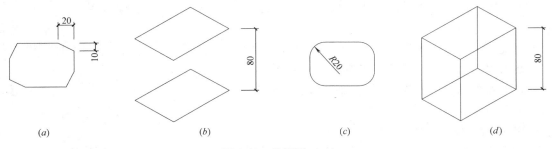

(a)　　　　　　　(b)　　　　　　　(c)　　　　　　　(d)

图 4-19　绘矩形 (二)

(a) 倒角；(b) 标高；(c) 圆角；(d) 厚度

指定矩形的线宽<0>：4　　　　　　　　　　　　　　　　　　　线宽值

♥ **尺寸 (D)**：根据矩形长宽画矩形（图 4-20b）。

指定第一个角点或 [倒角 (C)/标高 (E)/圆角 (F)/厚度 (T)/宽度 (W)]：

　　　　　　　　　　　　　　　　　　　　　　　　　　　　选取 1 点

指定另一个角点或 [面积 (A)/尺寸 (D)/旋转 (R)]：D　　　　尺寸模式

指定矩形的长度<10.0000>：12

指定矩形的宽度<7.0000>：8

指定另一个角点或 [面积 (A)/尺寸 (D)/旋转 (R)]：　　　　　选取 2 点

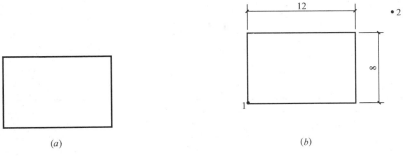

(a)　　　　　　　　　　　　　　　　　(b)

图 4-20　绘矩形 (三)

(a) 线宽为 4；(b) 指定边长绘矩形

♥ **面积 (A)**：根据指定面积和长（或宽）画矩形（图 4-21）。

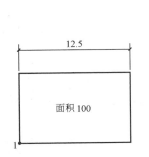

图 4-21　绘指定面积矩形

指定第一个角点或［倒角（C）/标高（E）/圆角（F）/厚度（T）/宽度（W）］：

选取 1 点
面积模式

指定另一个角点或［面积（A）/尺寸（D）/旋转（R）］：A

输入以当前单位计算的矩形面积<0.0000>：100

计算矩形标注时依据［长度（L）/宽度（W）］<长度>：　　　　　　【Enter】

输入矩形长度<12.8000>：12.5

♥ **旋转（R）**：（图 4-22）

指定第一个角点或［倒角（C）/标高（E）/圆角（F）/厚度（T）/宽度（W）］：

选取 1 点

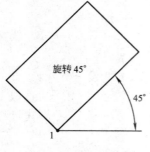

指定另一个角点或［面积（A/尺寸（D）/旋转（R）］：R
旋转模式

指定旋转角度或［拾取点（P）］<0>：　　　　45

指定另一个角点或［面积（A）/尺寸（D）/旋转（R）］：A

输入以当前单位计算的矩形面积<0.0000>：100

计算矩形标注时依据［长度（L）/宽度（W）］<长度>：

图 4-22　绘旋转矩形

【Enter】

输入矩形长度<10.5000>：12.5

## 4.9　圆

绘制圆（表 4-10）。

表 4-10

| 命令 | circle | 快捷键 | C |
| --- | --- | --- | --- |
| 图标 | 绘图工具栏 ◯ | | |
| 菜单 | 绘图→圆 | | |

命令：circle

指定圆的圆心或［三点（3P）/两点（2P）/相切、相切、半径（T）］：

**画圆方法**

♥ **圆心与半径**，如图 4-23（*a*）所示。

指定圆的圆心或［三点（3P）/两点（2P）/相切、相切、半径（T）］：　　圆心位置

指定圆的半径或［直径（D）］：50　　　　　　　　　　　　　　　半径值

♥ **圆心与直径**，如图 4-23（*b*）所示。

指定圆的圆心或［三点（3P）/两点（2P）/相切、相切、半径（T）］：　　圆心位置

指定圆的半径或［直径（D）］：d

指定圆的直径<0.0000>：100　　　　　　　　　　　　　　　　　直径值

♥ **三点**，如图 4-23（*c*）所示。

指定圆的圆心或［三点（3P）/两点（2P）/相切、相切、半径（T）］：3p

指定圆上的第一点：　　　　　　　　　　　　　　　　　　　　　第一点

指定圆上的第二点：　　　　　　　　　　　　　　　　　　　　第二点

指定圆上的第三点：　　　　　　　　　　　　　　　　　　　　第三点

♥ **直径上两点**，如图 4-23（*d*）所示。

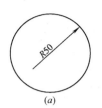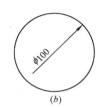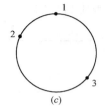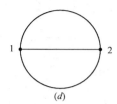

图 4-23　绘圆

指定圆的圆心或［三点（3P）/两点（2P）/相切、相切、半径（T）］：2p

指定圆直径的第一个端点：　　　　　　　　　　　　　　　　第一点

指定圆直径的第二个端点：　　　　　　　　　　　　　　　　第二点

♥ **与两个对象相切和半径**（图 4-24）。

指定圆的圆心或［三点（3P）/两点（2P）/相切、相切、半径（T）］：T

在对象上指定一点作圆的第一条切线：　　　　　　　　　　选取相切对象

在对象上指定一点作圆的第二条切线：　　　　　　　　　　选取相切对象

指定圆的半径＜0＞：50　　　　　　　　　　　　　　　　　半径值

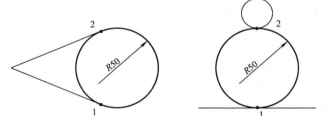

图 4-24　绘与两个对象相切圆

♥ **与三个对象相切**，调入方法："绘图菜单→圆→相切、相切、相切"（图 4-25）。

指定圆上的第一点：_ tan 到　选取第一个相切对象　　　　选取相切对象

指定圆上的第二点：_ tan 到　选取第二个相切对象　　　　选取相切对象

指定圆上的第三点：_ tan 到　选取第三个相切对象　　　　选取相切对象

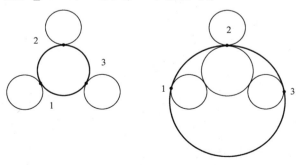

图 4-25　绘与三个对象相切圆

# 4.10 圆 弧

绘制给定参数的圆弧（表4-11）。

表4-11

| 命令 | arc | 快捷键 | A |
|---|---|---|---|
| 图标 | 绘图工具栏  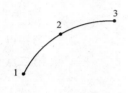 | | |
| 菜单 | 绘图→圆弧 | | |

命令：arc
指定圆弧的起点或［圆心（C）］：
**画弧方法**
♥ **三点**（图4-26）
调用方法：绘图菜单→圆弧→三点

图4-26 三点绘弧

命令：arc 指定圆弧的起点或［圆心（CE）］：　　　　　　　　输入1点
指定圆弧的第二点或［圆心（CE)/端点（EN）］：　　　　　输入2点
指定圆弧的端点：　　　　　　　　　　　　　　　　　　　输入3点

♥ **起点、圆心、端点**（图4-27a）
调用方法：绘图菜单→圆弧→起点、圆心、端点
命令：arc 指定圆弧的起点或［圆心（CE）］：　　　　　　　　输入起点1
指定圆弧的第二点或［圆心（CE)/端点（EN）］：c 指定圆弧的圆心：　　输入圆心2
指定圆弧的端点或［角度（A)/弦长（L）］：　　　　　　　　输入终点3

♥ **起点、圆心、角度**（图4-27b）
调用方法：绘图菜单→圆弧→起点、圆心、角度
命令：arc 指定圆弧的起点或［圆心（CE）］：　　　　　　　　输入起点1
指定圆弧的第二点或［圆心（CE)/端点（EN）］：c 指定圆弧的圆心：　　输入圆心点2
指定圆弧的端点或［角度（A)/弦长（L）］：a 指定包含角：　　　　输入圆心角

♥ **起点、圆心、长度**（图4-27c）

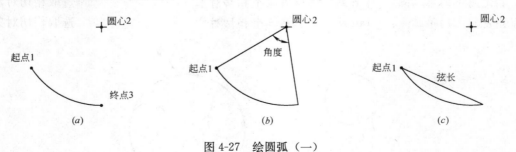

*(a)*　　　　　　　　　　　*(b)*　　　　　　　　　　　*(c)*

图4-27 绘圆弧（一）

调用方法：绘图菜单→圆弧→起点、圆心、长度
命令：arc 指定圆弧的起点或［圆心（CE）］：　　　　　　　　输入起点1

指定圆弧的第二点或 ［圆心（CE）/端点（EN）］：c指定圆弧的圆心： 输入圆心2

指定圆弧的端点或 ［角度（A）/弦长（L）］：1指定弦长： 输入弦长

♥ **起点、端点、角度**（图 4-28a）

调用方法：绘图菜单→圆弧→起点、端点、角度

命令：arc 指定圆弧的起点或 ［圆心（CE）］： 输入起点1

指定圆弧的第二点或 ［圆心（CE）/端点（EN）］：e

指定圆弧的端点： 输入起点2

指定圆弧的圆心或 ［角度（A）/方向（D）/半径（R）］：a指定包含角： 输入圆心角

♥ **起点、端点、方向**（图 4-28b）

调用方法：绘图菜单圆弧→起点、端点、方向

命令：arc 指定圆弧的起点或 ［圆心（CE）］： 输入起点1

指定圆弧的第二点或 ［圆心（CE）/端点（EN）］：e

指定圆弧的端点： 输入起点2

指定圆弧的圆心或 ［角度（A）/方向（D）/半径（R）］：

d指定圆弧的起点切向： 输入过起点1的切线方向

♥ **起点、端点、半径**（图 4-28c）

调用方法：绘图菜单→圆弧→起点、端点、半径

命令：arc 指定圆弧的起点或 ［圆心（CE）］： 输入起点1

指定圆弧的第二点或 ［圆心（CE）/端点（EN）］：e

指定圆弧的端点： 输入起点2

指定圆弧的圆心或 ［角度（A）/方向（D）/半径（R）］：

r指定圆弧的半径： 输入半径

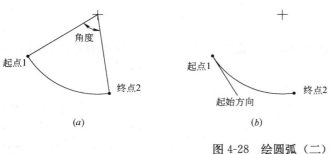

(a)　　　　　　　　　　(b)　　　　　　　　　　(c)

图 4-28　绘圆弧（二）

♥ **圆心、起点、端点**（图 4-29a）

调用方法：绘图菜单→圆弧→圆心、起点、端点

命令：arc 指定圆弧的起点或 ［圆心（CE）］：c指定圆弧的圆心： 输入圆心1

指定圆弧的起点： 输入起点2

指定圆弧的端点或 ［角度（A）/弦长（L）］： 输入终点3

♥ **圆心、起点、角度**（图 4-29b）

调用方法：绘图菜单→圆弧→圆心、起点、角度

命令：arc 指定圆弧的起点或 ［圆心（CE）］：c指定圆弧的圆心： 输入圆心1

指定圆弧的起点： 输入起点 2

指定圆弧的端点或 ［角度 (A)/弦长 (L)］：a 指定包含角： 输入圆心角

♥ **圆心、起点、长度** (图 4-29c)

调用方法：绘图菜单→圆弧→圆心、起点、长度

命令：arc 指定圆弧的起点或 ［圆心 (CE)］：c 指定圆弧的圆心： 输入圆心 1

指定圆弧的起点： 输入起点 2

指定圆弧的端点或 ［角度 (A)/弦长 (L)］：1 指定弦长： 输入弦长

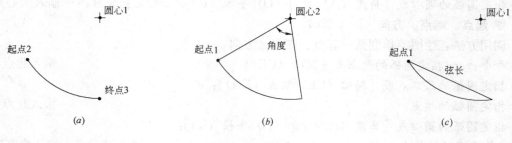

(a) (b) (c)

图 4-29 绘圆弧（三）

【例 4-3】 绘图 4-30 所示连续圆弧。

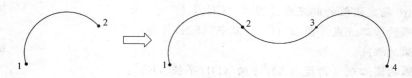

图 4-30 绘连续圆弧

步骤 1 绘制 12 圆弧。

步骤 2 调用"绘图菜单→圆弧→继续"，捕捉到 2 点，（连续圆弧绘制是以最后一次绘弧或绘线的最后一点为起点）。

步骤 3 命令行提示：ARC 指定圆弧的起点或 ［圆心 (C)］：

指定圆弧的端点： 输入端点 3

步骤 4 重复"绘图菜单→圆弧→继续"命令（可按【ENTER】键）。

步骤 5 命令行提示：ARC 指定圆弧的起点或 ［圆心 (C)］： 【ENTER】

指定圆弧的端点： 输入端点 4

## 4.11 圆 环

绘制填充的圆或圆环（表 4-12）。

表 4-12

| 命令 | donut | 快捷键 | DO |
|------|-------|--------|-----|
| 菜单 | 绘图→圆环 | | |

**1. 填充圆环**（图 4-31a）

命令：donut

指定圆环的内径<0.5>：60

　　　　确定圆环内径值

指定圆环的外径<1>：100

　　　　确定圆环外径值

指定圆环的中心点或<退出>：

　　　　输入圆环中心点

指定圆环的中心点或<退出>：

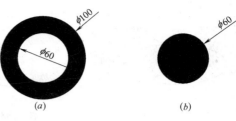

图 4-31　绘圆环

（a）绘环；（b）绘填充圆

【Enter】结束

**2. 填充圆**（图 4-31b）

指定圆环的内径<0.5>：0

指定圆环的外径<1>：60

# 4.12　椭　　圆

绘椭圆或椭圆弧（表 4-13）。

表 4-13

| 命令 | ellipse | 快捷键 | EL |
|---|---|---|---|
| 图标 | 绘图工具栏 | | |
| 菜单 | 绘图→椭圆 | | |

命令：ellipse

指定椭圆的轴端点或［圆弧（A）/中心点（C）］：

**画椭圆方法**

♥ 根据椭圆某一轴的两端点和另一轴的半长绘椭圆（图 4-32）。

指定椭圆的轴端点或［圆弧（A）/中心点（C）］：　　　　　　　　输入轴端点 1

指定轴的另一个端点：　　　　　　　　　　　　　　　　　　　　输入轴端点 2

指定另一条半轴长度或［旋转（R）］：　　　　　　　　　　　输入另半轴长度或点 3

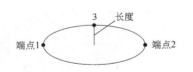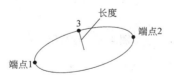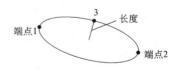

图 4-32　绘椭圆（一）

♥ 根据椭圆的中心点、某一轴的端点和另一轴的半长绘椭圆（图 4-33）。

指定椭圆的轴端点或［圆弧（A）/中心点（C）］：c

指定椭圆的中心点：　　　　　　　　　　　　　　　　　　　　　　输入圆心 1

指定轴的端点：　　　　　　　　　　　　　　　　　　　　　　　　输入轴端点 2

指定另一条半轴长度或［旋转（R）］：　　　　　　　　　　　输入半轴长度或点 3

77

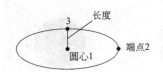
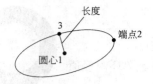
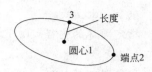

图 4-33  绘椭圆（二）

♥ **根据椭圆某一轴的端点和转角绘椭圆**（图 4-34）。

指定椭圆的轴端点或〔圆弧（A）/中心点（C）〕： 　　　　　　　　　　输入端点 1

指定轴的另一个端点： 　　　　　　　　　　　　　　　　　　　　　　输入端点 2

指定另一条半轴长度或〔旋转（R）〕：r

指定绕长轴旋转： 　　　　　　　　　　　　　　　　　　　　　　　　输入旋转角度

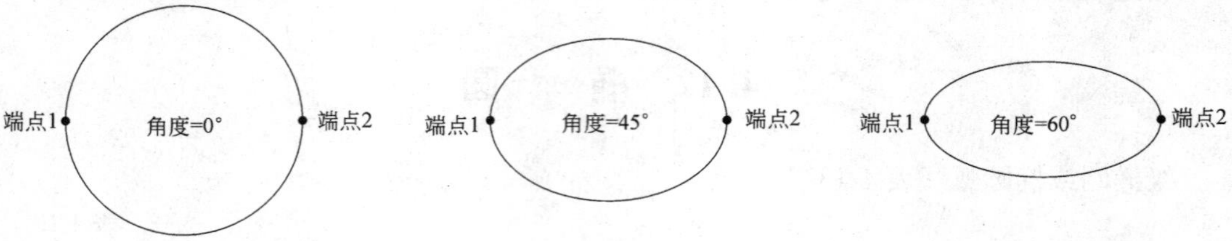

图 4-34  绘椭圆（三）

♥ **绘椭圆弧**（图 4-35）。

指定椭圆的轴端点或〔圆弧（A）/中心点（C）〕：a

指定椭圆弧的轴端点或〔中心点（C）〕： 　　　　　　　　　　　　　　输入轴端点 1

指定另一条半轴长度或〔旋转（R）〕： 　　　　　　　　　　　　　　　输入轴端点 2

指定起始角度或〔参数（P）〕：0 　　　　　　　　　　　　　　　　　　起始角度

指定终止角度或〔参数（P）/包含角度（I）〕：270 　　　　　　　　　　终止角度

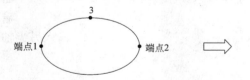
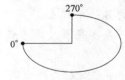

图 4-35  绘椭圆弧

# 4.13  修 订 云 线

建立由连续圆弧组成的云形多段线（表 4-14）

表 4-14

| 命令 | revcloud | 快捷键 | 无 |
|---|---|---|---|
| 图标 | 绘图工具栏  | | |
| 菜单 | 绘图→修订云线 | | |

命令：revcloud

最小弧长：60　最大弧长：60　样式：普通

指定起点或［弧长（A）/对象（O）/样式（S）］＜对象＞：

拖动鼠标，当云线开始点和终点相接时，命令行显示以下信息。

沿云线路径引导十字光标...

修订云线完成。

**选项说明**

♥ **弧长（A）：**指定云线中弧线的长度。

指定最小弧长＜60＞：7　　　　　　　　　　　　　　　指定最小弧长的值

指定最大弧长＜60＞：18　　　　　　　　　　　　　　指定最大弧长的值

最大弧长不能大于最小弧长的三倍。

♥ **对象（O）：**指定要转换为云线的对象（图 4-36）。

命令：revcloud

最小弧长：7 最大弧长：18　样式：普通

指定起点或［弧长（A）/对象（O）/样式（S）］＜对象＞：o　　　　　对象模式

选择对象：　　　　　　　　　　　　　　　　　　　　选取椭圆或矩形

反转方向［是（Y）/否（N）］＜否＞：　　　　　　　　　　　是或否

修订云线完成。

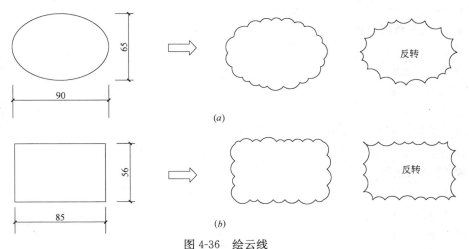

图 4-36　绘云线

(*a*) 椭圆转换为云线；(*b*) 矩形转换为云线

♥ **样式（S）：**指定修订云线的样式（图 4-37）。

命令：REVCLOUD

最小弧长：10　最大弧长：22　样式：普通

指定起点或［弧长（A）/对象（O）/样式（S）］＜对象＞：s

选择圆弧样式［普通（N）/手绘（C）］＜普通＞：c　　　　　　手绘模式

圆弧样式＝手绘

指定起点或［弧长（A）/对象（O）/样式（S）］＜对象＞：　　　　　【Enter】

选择对象：　　　　　　　　　　　　　　　　　　　　　　　选取矩形

反转方向［是（Y）/否（N）］＜否＞：　　　　　　　　　　【Enter】

修订云线完成。

样式:普通

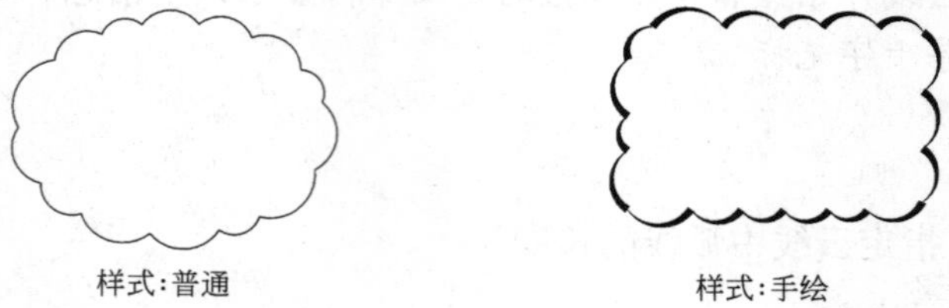

样式:手绘

图 4-37　云线样式设置

## 4.14　二 维 填 充

填充三角形或四边形（表 4-15）。

表 4-15

| 命令 | solid | 快捷键 | SO |
|---|---|---|---|
| 菜单 | 绘图→曲面→二维填充 | | |

♥ **填充三角形**（图 4-38）。

命令：solid

指定第一点：　　　　　　　　　　　　　　　　　　　　　选取 1 点

指定第二点：　　　　　　　　　　　　　　　　　　　　　选取 2 点

指定第三点：　　　　　　　　　　　　　　　　　　　　　选取 3 点

指定第四点或＜退出＞：　　　　　　　　　　　　　　　　【Enter】

指定第三点：　　　　　　　　　　　　　　　　　　　　　【Enter】退出

♥ **填充四角形**（图 4-39）。

命令：solid

指定第一点：　　　　　　　　　　　　　　　　　　　　　选取 1 点

指定第二点：　　　　　　　　　　　　　　　　　　　　　选取 2 点

指定第三点：　　　　　　　　　　　　　　　　　　　　　选取 3 点

指定第四点或＜退出＞：　　　　　　　　　　　　　　　　选取 4 点

指定第三点或＜退出＞：　　　　　　　　　　　　　　　　【Enter】退出

图 4-38　填充三角形

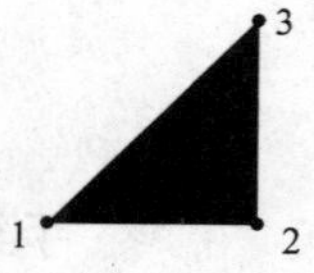

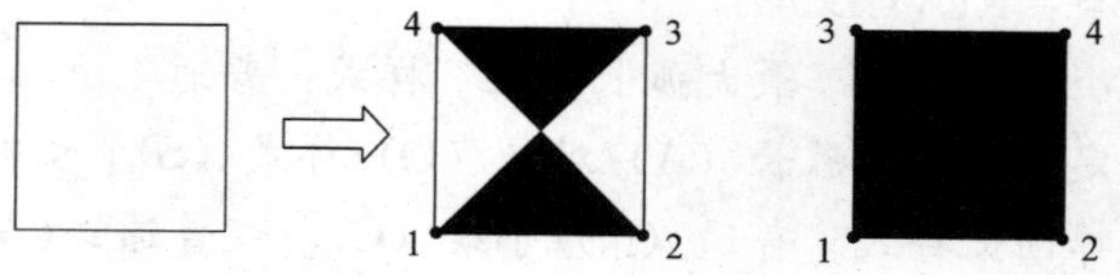

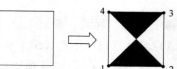
图 4-39　填充四边形

# 4.15 点

"点"通常用作为绘图参考。

## 4.15.1 点的样式

选择点的样式，给出点的大小。AutoCAD 提供了 20 种点样式，默认值为一小点，不容易看出，所以绘点前经常要选点样式（表 4-16）。

表 4-16

| 命令 | ddptype | 快捷键 | 无 |
|---|---|---|---|
| 菜单 | 格式→点样式… | | |

命令：ddptype        打开"点样式"对话框

**"点样式"对话框的使用**（图 4-40）。

第一步：从 20 种样式中选择一个。

第二步：确定"点大小"，两种方式。

♥ 相对于屏幕设置尺寸：按屏幕尺寸的百分比设置点的显示大小。当屏幕进行缩放时，点的显示大小并不改变。

♥ 用绝对单位设置尺寸：按"点大小"下指定的实际单位设置点显示的大小。当屏幕进行缩放时，点的显示大小随之改变。

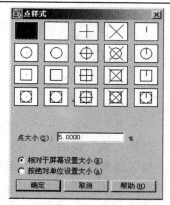

图 4-40 "点样式"对话框

## 4.15.2 单点

绘一个点（表 4-17）。

表 4-17

| 命令 | point | 快捷键 | PO |
|---|---|---|---|
| 菜单 | 绘图→点→单点 | | |

命令：ddptype

当前点模式：PDMODE＝66  PDSIZE＝0.0000

指定点：            输入点

## 4.15.3 多点

绘制多个点（表 4-18）。

表 4-18

| 命令 | point | 快捷键 | 无 |
|---|---|---|---|
| 图标 | 绘图工具栏 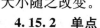 | | |
| 菜单 | 绘图→点→多点 | | |

命令：point

当前点模式：  PDMODE＝66  PDSIZE＝0.0000

指定点：　　　　　　　　　　　　　　输入点

指定点：

...

## 4.16　定数等分

在指定的对象上绘等分点或在等分点处插入块（表 4-19）。

表 4-19

| 命令 | divide | 快捷键 | DIV |
|---|---|---|---|
| 菜单 | 绘图→点→定数等分 | | |

命令：divide

选择要定数等分的对象：　　　　　　　　　　选择直线

输入线段数目或［块（B）］：7　　　　　　　等分数（图 4-41）

图 4-41　点定数等分

**选择"块"说明**

输入线段数目或［块（B）］：B　　　　　　　选择块

输入要插入的块名：shu　　　　　　　　　　输入块名

是否对齐块和对象？［是（Y）/否（N）］＜Y＞：　　是否与对象校准

输入线段数目：8　　　　　　　　　　　　　输入对象的等分数

校准（图 4-42）

图 4-42　校准块定数等分

没校准（图 4-43）

图 4-43　未校准块定数等分

# 4.17　定　距　等　分

在指定的对象上按指定的距离绘点或插入块（表4-20）。

表 4-20

| 命令 | measure | 快捷键 | ME |
|---|---|---|---|
| 菜单 | 绘图→点→定距等分 | | |

命令：measure
选择要定距等分的对象：　　　　　　　　　　选择直线
指定线段长度或［块（B)］：20 等距长度　　　（图4-44）

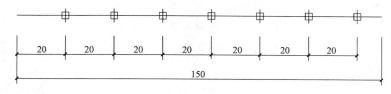

图 4-44　点定距等分

**选择"块"说明**
指定线段长度或［块（B)］：B　　　　　　　　　　　选择块
输入要插入的块名：shu　　　　　　　　　　　　　输入块名
是否对齐块和对象？［是（Y)/否（N)］<Y>：　　是否与对象校准
指定线段长度：450　　　　　　　　　　　　　　　输入块间距
校准（图4-45）

图 4-45　校准块定距等分

未校准（图4-46）

图 4-46　未校准块定距等分

# 4.18 面　　域

用闭合的形状或环创建的二维区域（表 4-21）。

表 4-21

| 命令 | region | 快捷键 | 无 |
|------|--------|--------|-----|
| 图标 | 绘图工具栏　⬛ | | |
| 菜单 | 绘图→面域 | | |

图 4-47　创建面域

命令：region

选择对象：

已提取 1 个环（图 4-47）。

已创建 1 个面域

选择对象

检测到环数

创建的面域数

## 范例与上机练习

**【例 4-4】** 绘制图 4-48 所示图形。

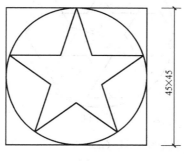

图 4-48

**步骤 1 绘矩形和圆，**见图 4-49（*a*）。

命令：rectang

指定第一个角点或［倒角（C）/标高（E）/圆角（F）/厚度（T）/宽度（W）］：

指定另一个角点或［面积（A）/尺寸（D）/旋转（R）］：@45，45

命令：circle

指定圆的圆心或［三点（3P）/两点（2P）/相切、相切、半径（T）］：3p

指定圆上的第一个点：tan 到                                    捕捉 1 点

指定圆上的第二个点：tan 到                                    捕捉 2 点

指定圆上的第三个点：tan 到                                    捕捉 3 点

**步骤 2 绘圆内接五边形绘圆，**见图 4-49（*b*）。

命令：polygon

输入边的数目＜4＞：5

指定正多边形的中心点或［边（E）］：                          捕捉圆心

输入选项［内接于圆（I）/外切于圆（C）］＜I＞：I

指定圆的半径：                                              捕捉象限点

**步骤 3 连接五角星**（略），见图 4-49（*c*）。

**步骤 4 修剪**（略），见图 4-49（*d*）。

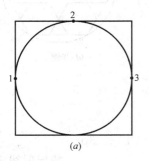 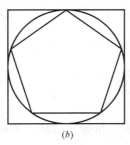 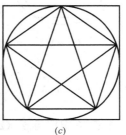 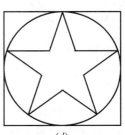

（*a*）                （*b*）                （*c*）                （*d*）

图 4-49

（*a*）步骤 1；（*b*）步骤 2；（*c*）步骤 3；（*d*）步骤 4

【例 4-5】 绘制图 4-50 所示图形。

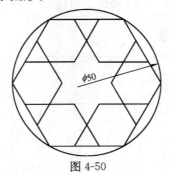

图 4-50

**步骤 1 绘圆绘圆内接六边形**如图 4-51 （*a*）

命令：circle

指定圆的圆心或 ［三点 （3P）/两点 （2P）/相切、相切、半径 （T）］：

指定圆的半径或 ［直径 （D）］：25

命令：polygon

输入边的数目＜5＞：6

指定正多边形的中心点或 ［边 （E）］：                                 捕捉圆心

输入选项 ［内接于圆 （I）/外切于圆 （C）］＜I＞：                 【Enter】

指定圆的半径：25

**步骤 2 绘射线**如图 4-51 （*b*）

命令：ray

指定起点：                                                             捕捉圆心

指定通过点：                                               捕捉六边形边的中点 1

指定通过点：                                               捕捉六边形边的中点 2

指定通过点：                                                           【Enter】

**步骤 3 绘圆和圆内接六边形**，如图 4-51 （*c*）。

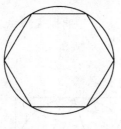 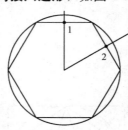 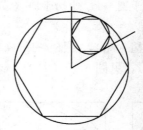 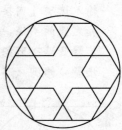

(*a*) 步骤1          (*b*) 步骤2          (*c*) 步骤3          (*d*) 步骤4

图 4-51

命令：circle

指定圆的圆心或 ［三点 （3P）/两点 （2P）/相切、相切、半径 （T）］：3p

指定圆上的第一个点：_ tan 到                                     捕捉射线 1

指定圆上的第二个点：_ tan 到                                     捕捉射线 2

86

指定圆上的第三个点：_tan 到                                           捕捉 Φ50 圆

命令：polygon（略）

步骤 4 删除射线和小圆，阵列小六边形，如图 4-51（d）

命令：erase（略）

命令：array

选择对象：                                                           小六边形

指定阵列中心点：                                                                 圆心

"阵列"对话框设置（图 4-52）

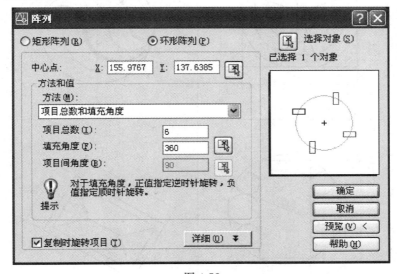

图 4-52

# 上 机 练 习

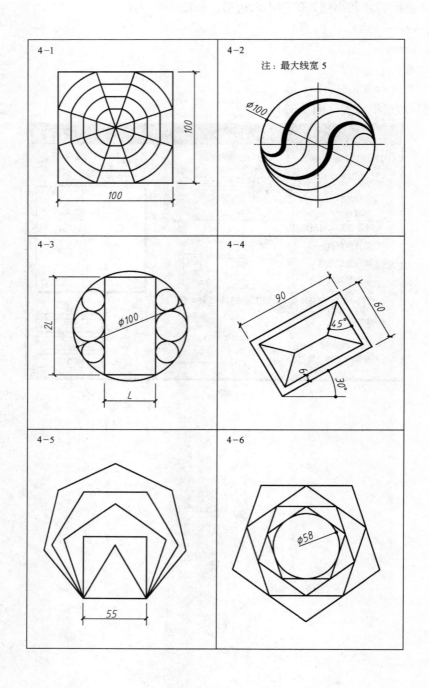

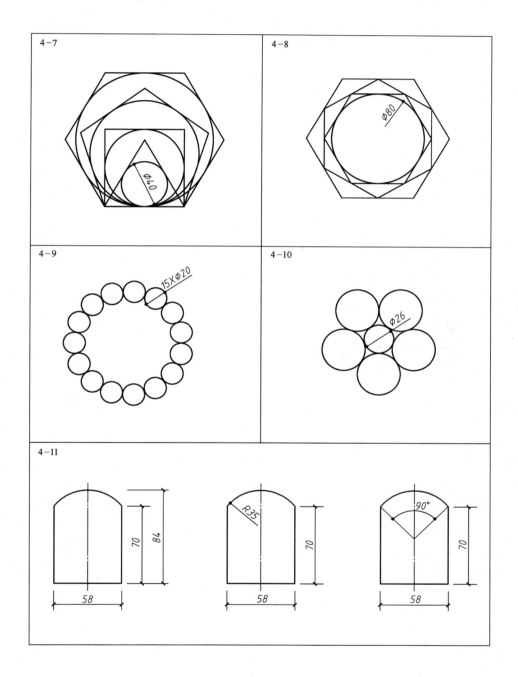

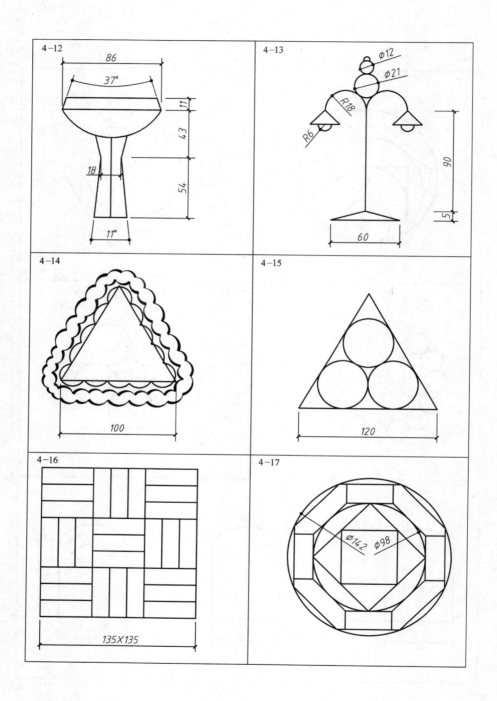

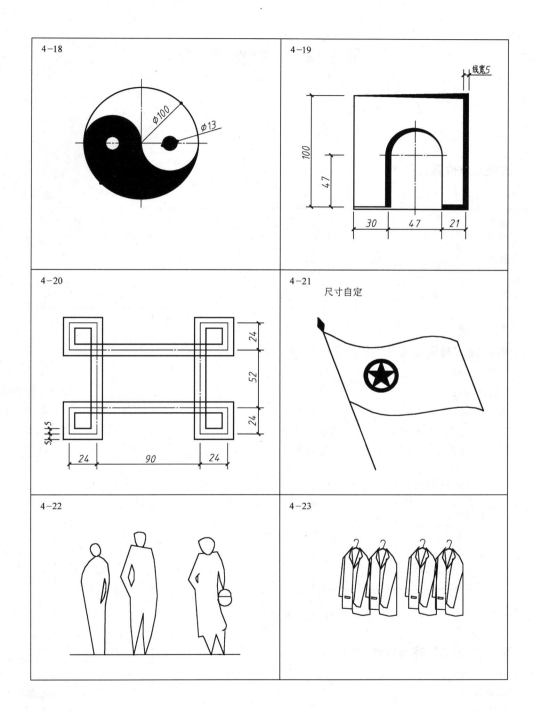

4-18

4-19

线宽5

100

47

30　47　21

4-20

24

52

24

5+5

24　90　24

4-21

尺寸自定

4-22

4-23

# 第 5 章 修 改 命 令

## 5.1 移 动

改变对象位置（表 5-1）。

表 5-1

| 命令 | move | 快捷键 | M |
|---|---|---|---|
| 图标 | 修改工具栏 ✛ | | |
| 菜单 | 修改→移动 | | |

**使用说明**

**♥ 以指定捕捉点移动**（图 5-1）

| | |
|---|---|
| 命令：move | |
| 选择对象： | 选取座椅 |
| 选择对象： | 【Enter】 |
| 指定基点或［位移（D）］＜位移＞： | 选取点 1 |
| 指定第二个点或＜使用第一个点作为位移＞： | 选取点 2 |

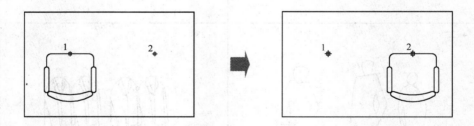

图 5-1  由点 1 移动到点 2

**♥ 以指定的位移量移动**（图 5-2）

| | |
|---|---|
| 命令：move | |
| 选择对象： | 选取座椅 |
| 选择对象： | 【Enter】 |
| 指定基点或［位移（D）］＜位移＞： | 选取点 1 |
| 指定第二个点或＜使用第一个点作为位移＞：@900，0 | 输入@900，0【Enter】 |

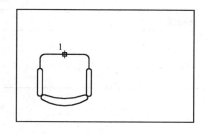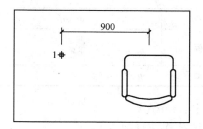

图 5-2　由点 1 向左移动 900

## 5.2　复　　制

复制已有对象，当绘制多个相同对象时，可以只画一个再做复制（表 5-2）。

表 5-2

| 命令 | copy | 快捷键 | CO、CP |
|---|---|---|---|
| 图标 | 修改工具栏 | | |
| 菜单 | 修改→复制 | | |

命令：copy

选择对象：找到 1 个　　　　　　　　　　　　　　　　　　　选取圆（图 5-3）

选择对象：　　　　　　　　　　　　　　　　　　　　　　　【Enter】

指定基点或［位移（D)］＜位移＞：　　　　　　　　　　　　选取点 1

指定第二个点或＜使用第一个点作为位移＞：　　　　　　　　选取点 2

指定第二个点或［退出（E)/放弃（U)］＜退出＞：　　　　选取点 3

指定第二个点或［退出（E)/放弃（U)］＜退出＞：　　　　【Enter】

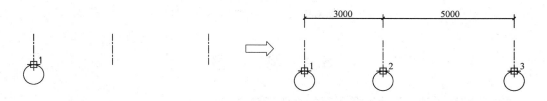

图 5-3　将圆由点 1 复制到 2、3 点

## 5.3　镜　　像

对称复制原有的对象。当绘制对称图形时，可以只绘制一半再作镜像（表 5-3）。

表 5-3

| 命令 | mirror | 快捷键 | MI |
|---|---|---|---|
| 图标 | 修改工具栏 | | |
| 菜单 | 修改→镜像 | | |

命令：mirror

选择对象：找到 1 个　　　　　　　　　　　　　　　　　　　　　选择门

选择对象：　　　　　　　　　　　　　　　　　　　　　　　　　【Enter】

指定镜像线的第一点：　　　　　　　　　　　　　　　　　　　选取点 1

指定镜像线的第二点：　　　　　　　　　　　　　　　　　　　选取点 2

要删除源对象吗？［是（Y）/否（N）］＜N＞：　　是（Y）：删除源对象"门"（图 5-4）

　　　　　　　　　　　　　　　　　　　　　　　否（N）：保留源对象"门"（图 5-4）

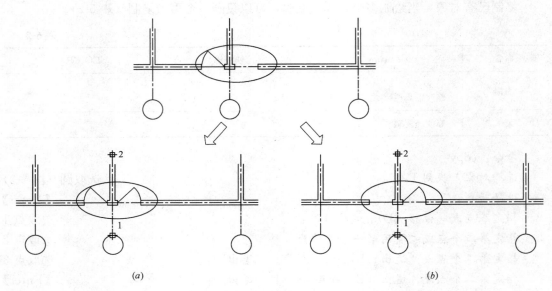

图 5-4　镜像"门"

(a) 保留源对象"门"；(b) 删除源对象"门"

## 5.4　偏　移

在指定位置添加与选定对象平行的类似新对象（表 5-4）。

表 5-4

| 命令 | offset | 快捷键 | O |
|---|---|---|---|
| 图标 | 修改工具栏 | | |
| 菜单 | 修改→偏移 | | |

命令：offset

当前设置：删除源＝否　图层＝源　OFFSETGAPTYPE＝0　　　　　　　提示当前设置

指定偏移距离或［通过（T）/删除（E）/图层（L）］＜50.0000＞：300

　　　　　　　　　　　　　　　　　　　　　　　　　　　　偏移距离300

选择要偏移的对象，或［退出（E）/放弃（U）］＜退出＞：　　　　　选取源对象

指定要偏移的那一侧上的点，或［退出（E）/多个（M）/放弃（U）］＜退出＞：

　　　　　　　　　　　　　　　　　　　　　　　　　　　　选取源对象上方

选择要偏移的对象，或［退出（E）/放弃（U）］＜退出＞：　　　　　选取源对象

指定要偏移的那一侧上的点，或［退出（E）/多个（M）/放弃（U）］＜退出＞：

　　　　　　　　　　　　　　　　　　　　　　　　　　　　选取源对象下方

选择要偏移的对象，或［退出（E）/放弃（U）］＜退出＞：　　　【Enter】（图5-5）

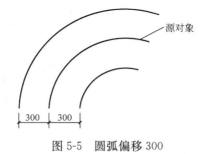

图5-5　圆弧偏移300

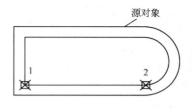

图5-6　源对象通过点偏移

**选项说明**

♥ **通过（T）：** 穿过一点偏移对象（图5-6）。

指定偏移距离或［通过（T）/删除（E）/图层（L）］＜50.0000＞：t

选择要偏移的对象，或［退出（E）/放弃（U）］＜退出＞：　　　选取源对象直线段

指定通过点或［退出（E）/多个（M）/放弃（U）］＜退出＞：　　　　选取1点

选择要偏移的对象，或［退出（E）/放弃（U）］＜退出＞：　　　选取源对象圆弧段

指定通过点或［退出（E）/多个（M）/放弃（U）］＜退出＞：　　　　选择2点

♥ **删除（E）：** 复制完成后删除源对象（图5-7）。

要在偏移后删除源对象吗？［是（Y）/否（N）］＜否＞：Y

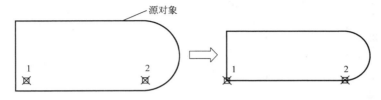

图5-7　偏移后删除源对象

♥ **图层（L）：** 指定复制对象为源对象图层或当前图层。

输入偏移对象的图层选项［当前（C）/源（S）］＜当前＞：C

♥ **退出（E）：** 退出偏移对象。

♥ **放弃（U）：** 取消上一个偏移操作。

# 5.5 旋　　转

以指定角度旋转对象（表 5-5）。

表 5-5

| 命令 | rotate | 快捷键 | RO |
|---|---|---|---|
| 图标 | 修改工具栏 ↻ | | |
| 菜单 | 修改→旋转 | | |

**使用说明**

♥ **以指定角度旋转**（图 5-8）。

命令：rotate

UCS 当前的正角方向：ANGDIR＝逆时针　ANGBASE＝0

选择对象：找到 1 个　　　　　　　　　　　　　　　　　　　　选取座椅

选择对象：　　　　　　　　　　　　　　　　　　　　　　　　【Enter】

指定基点：　　　　　　　　　　　　　　　　　　　　　　　　选取 1 点

指定旋转角度，或［复制（C）/参照（R）]＜0＞：45　　　　角度

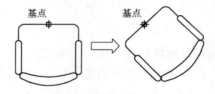

图 5-8　旋转

♥ **复制旋转**（图 5-9）。

命令：rotate

UCS 当前的正角方向：ANGDIR＝逆时针　ANGBASE＝0

选择对象：找到 1 个　　　　　　　　　　　　　　　　　　　　选取座椅

选择对象：　　　　　　　　　　　　　　　　　　　　　　　　【Enter】

指定基点：　　　　　　　　　　　　　　　　　　　　　　　　选取 1 点

指定旋转角度，或［复制（C）/参照（R）]＜0＞：c　　　　选取复制

旋转一组选定对象。

指定旋转角度，或［复制（C）/参照（R）]＜45＞：45　　　角度

♥ **以参照角度旋转**（图 5-10）。

命令：rotate

UCS 当前的正角方向：ANGDIR＝逆时针　ANGBASE＝0

选择对象：找到 1 个　　　　　　　　　　　　　　　　　　　　选取座椅

选择对象：　　　　　　　　　　　　　　　　　　　　　　　　【Enter】

指定基点：　　　　　　　　　　　　　　　　　　　　　　　　选取 1 点

指定旋转角度，或［复制（C）/参照（R）］＜0＞：r

指定参照角＜0＞：30

指定新角度或［点（P）］＜0＞：60

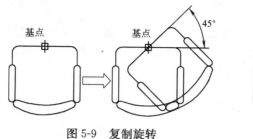

图 5-9　复制旋转

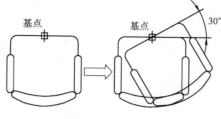

图 5-10　参照旋转

♥ 提示

1. 参照角度为 30°，新角度为 60°，则相当于旋转 30°。

2. 旋转角度以逆时针方向为正，顺时针方向为负。

## 5.6　对　　齐

对齐两对象（表 5-6）。

表 5-6

| 命令 | align | 快捷键 | AL |
|---|---|---|---|
| 菜单 | 修改→三维操作→对齐 | | |

命令：align

选择对象：找到 1 个　　　　　　　　　　　　　选取三角形

选择对象：　　　　　　　　　　　　　　　　　【Enter】

指定第一个源点：　　　　　　　　　　　　　　选取 1 点

指定第一个目标点：　　　　　　　　　　　　　选取 2 点

指定第二个源点：　　　　　　　　　　　　　　选取 3 点

指定第二个目标点：　　　　　　　　　　　　　选取 4 点

指定第三个源点或＜继续＞：　　　　　　　　　【Enter】

是否基于对齐点缩放对象？［是（Y）/否（N）］＜否＞：N　　　【Enter】

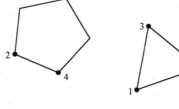
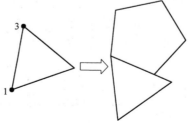

图 5-11　对齐

**选项说明**

♥ 不调整比例的对齐（图 5-11）

♥ 调整比例的对齐（图 5-12）

是否基于对齐点缩放对象？［是（Y）/否（N）］＜否＞：Y 　　　　【Enter】

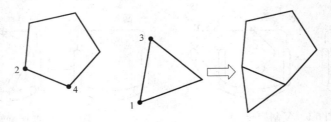

图 5-12 调整比例对齐

# 5.7 阵 列

有规律的复制多个对象，阵列有矩形和环形两种（表 5-7）。

表 5-7

| 命令 | array | 快捷键 | AR |
|------|-------|--------|-----|
| 图标 | 修改工具栏 ▦ | | |
| 菜单 | 修改→阵列 | | |

命令：array 打开"阵列"对话框（图 5-13）。

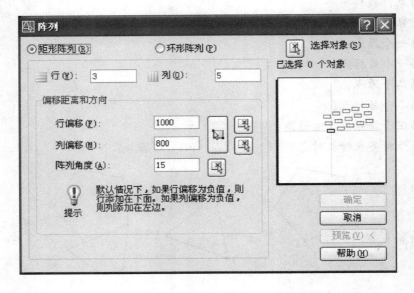

图 5-13 "矩形阵列"对话框

**矩形阵列对话框**

♥ [选择对象(S)] 选取阵列的对象（图 5-14）。单击此按钮，对话框暂时消失，用户可在绘图区选择要阵列对象（座椅）。

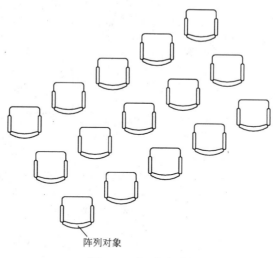

阵列对象

图 5-14　矩形阵列

♥ 行(W)：[3]　　输入阵列行数

♥ 列(O)：[5]　　输入阵列列数

♥ 行偏移(F)：[1000]　　输入行距尺寸

♥ 列偏移(M)：[800]　　输入列距尺寸

♥ 阵列角度(A)：[15]　　输入阵列倾斜角度

♥ [按钮] 单击此按钮，对话框暂时消失，用户可在绘图区用鼠标拉出一矩形，确定阵列尺寸。

♥ [按钮] 单击此按钮，对话框暂时消失，用户可在绘图区用鼠标点取两点，确定阵列的行距或列距尺寸和角度值。

♥ [预览(V) <] 单击此按钮，对话框暂时消失，可在绘图区观看阵列效果，并弹出对话框（图 5-15）。

图 5-15　阵列预览提示

若满意阵列效果，单击"接受"按钮，若不满意阵列效果；单击"修改"按钮返回对话框调整数据；单击"取消"按钮，中断阵列命令。

**环形阵列对话框**（图 5-16）

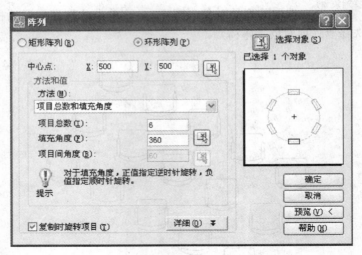

图 5-16 "环形阵列"对话框

♥ ▌中心点: X: 500 Y: 500 阵列圆心的 X 和 Y 坐标，也可以单击右边的 按钮，在绘图区拾取阵列的中心。

♥ **阵列项目数和阵列角度：** 指定阵列的个数与阵列的包含角度（图 5-17）。

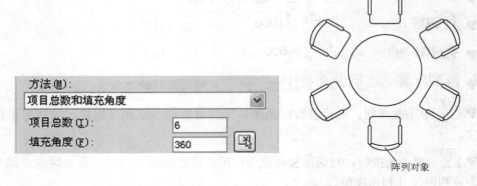

图 5-17 根据"项目总数和填充角度"环形阵列

♥ **阵列项目数和项目间的角度：** 指定阵列的个数与相邻两对象之间的角度（图 5-18）。

♥ **填充角度和项目间的角度：** 指定阵列的包含角度与相邻两对象之间的角度（图 5-19）。

♥ **提示**

在环形阵列中，阵列项数包括原有对象本身，阵列的包含角度为正按逆时针方向阵列，为负则按顺时针方向阵列。

♥ ☑ **复制时旋转项目(T)** 决定阵列的对象是否旋转以保持向心，选中☑表示是，不选☐表示否。

100

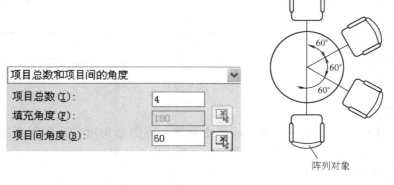

图 5-18　根据"项目总数和项目间的角度"环形阵列

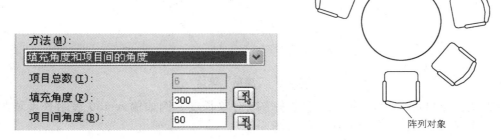

图 5-19　根据"填充角度和项目间的角度"环形阵列

# 5.8　拉　　长

改变直线或曲线的长度（表5-8）。

表 5-8

| 命令 | lengthen | 快捷键 | LEN |
|------|----------|--------|-----|
| 图标 | 修改工具栏 | | |
| 菜单 | 修改→拉长 | | |

命令：lengthen
选择对象或［增量（DE）/百分数（P）/全部（T）/动态（DY）］：　　　　选取线性对象
当前长度：500　　　　　　　　　　　　　　　　　　　　　　　　　　　　提示对象长度
选择对象或［增量（DE）/百分数（P）/全部（T）/动态（DY）］：de　　　　增量方式
输入长度增量或［角度（A）］<200.0000>：1000　　　　　　　　　　　　增量值1000

选择要修改的对象或［放弃（U）］：                          选取要延长的一端

选择要修改的对象或［放弃（U）］：                        【Enter】（图 5-20）

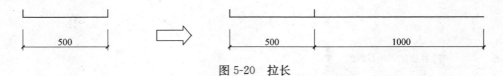

图 5-20　拉长

**选项说明**

♥ **增量（DE）**：通过输入长度（适用于直线）或圆心角度（适用于弧线）的增量改变对象长度。正值表示加长，负值表示缩短（图 5-21）。

输入长度增量或［角度（A）］＜0.0000＞：a                 角度 A 模式

输入角度增量＜45＞：45                               角度值

选择要修改的对象或［放弃（U）］：                        选取 1 点

选择要修改的对象或［放弃（U）］：                           【Enter】

图 5-21　"增量"拉长

♥ **百分数（P）**：通过输入百分比来增减对象长度。例如输入 150 表示长度增加到 150％，输入 50 表示长度减少到 50％（图 5-22）。

选择对象或［增量（DE）/百分数（P）/全部（T）/动态（DY）］：p     百分数 P 模式

输入长度百分数＜70.0000＞：50                        百分数值

选择要修改的对象或［放弃（U）］：                        选取 1 点

选择要修改的对象或［放弃（U）］：                           【Enter】

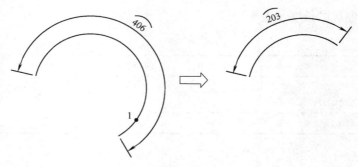

图 5-22　"百分数"拉长

♥ **全部（T）**：直接指定对象总的长度或总的圆心角度。

指定总长度或［角度（A）］＜1.0000＞：

♥ **动态（DY）**：使用光标在对象端点拖动来改变长度。

102

# 5.9 拉　　伸

对象的拉伸、压缩或移动（表5-9）。

表 5-9

| 命令 | stretch | 快捷键 | S |
|---|---|---|---|
| 图标 | 修改工具栏 | | |
| 菜单 | 修改→拉伸 | | |

命令：stretch

以交叉窗口或交叉多边形选择要拉伸的对象... 　提示用 C 窗口或 CP 窗口选择对象

选择对象：指定对角点：　　　　　　　　　　　　　　用 C 窗口选取对象

在指定基点或位移：　　　　　　　　　　　　　　　　　选取 1 点

在指定位移的第二个点或＜用第一个点作位移＞：　　选取 2 点（图 5-23）

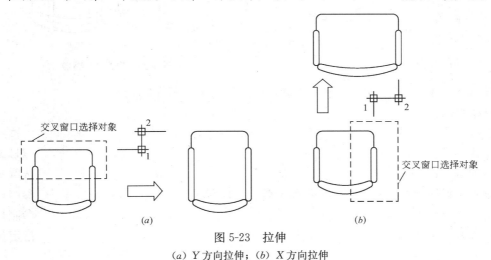

图 5-23　拉伸

（a）Y 方向拉伸；（b）X 方向拉伸

**说明**

♥ 要想获得拉伸效果，关键在于 C 或 CP 窗口选择对象，即在窗口之中的对象部分在执行拉伸命令时端点移动，而窗口以外的端点不动。

♥ 如果用其他方式选择对象，将会整体移动对象，效果与"移动"命令等同。

# 5.10 缩　　放

按比例放大或缩小对象（表5-10）。

表 5-10

| 命令 | scale | 快捷键 | SC |
|---|---|---|---|
| 图标 | 修改工具栏 | | |
| 菜单 | 修改→缩放 | | |

命令：scale

选择对象：找到 1 个                                         选取座椅

选择对象：                                        【Enter】

指定基点：                                        选取基点

指定比例因子或 ［复制（C）/参照（R）］：2         缩放系数（图 5-24）

**选项说明**

♥ **复制（C）**：创建要缩放对象的副本（图 5-25）。

指定比例因子或 ［复制（C）/参照（R）］＜1.0000＞：c       缩放一组选定对象。

指定比例因子或 ［复制（C）/参照（R）］＜1.0000＞：2

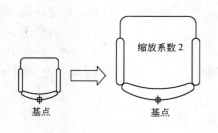

图 5-24　缩放

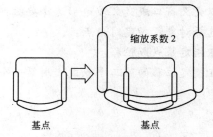

图 5-25　"复制"缩放

♥ **参照（R）**：按参照长度和指定新长度缩放对象（图 5-26）。

命令：scale

选择对象：找到 2 个                                         选取门

选择对象：                                        【Enter】

指定基点：                                        选取基点

指定比例因子或 ［复制（C）/参照（R）］＜1.5000＞：r       参照选项

指定参照长度＜1.0000＞：900                        参照长度

指定新的长度或 ［点（P）］＜1.0000＞：1200           指定长度

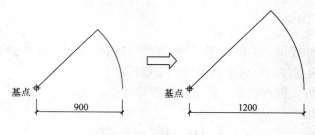

图 5-26　"参照"缩放

**提示**：缩放基点影响缩放结果。

## 5.11 修　　剪

按指定的边界剪掉线性对象多余的部分（表 5-11）。

表 5-11

| 命令 | trim | 快捷键 | | TR |
|---|---|---|---|---|
| 图标 | 修改工具栏 | | | |
| 菜单 | 修改→修剪 | | | |

命令：trim

当前设置：投影＝UCS，边＝无

选择剪切边...

选择对象或＜全部选择＞：找到 1 个　　　　　　　　　　　　　　　　选取剪刀

选择对象：　　　　　　　　　　　　　　　　　　　　　　　　　　【Enter】

选择要修剪的对象，或按住 Shift 键选择要延伸的对象，或［栏选（F）/窗交（C）/投影（P）/边（E）/删除（R）/放弃（U）］：　　　　　　　选取要剪掉的部分（图 5-27）

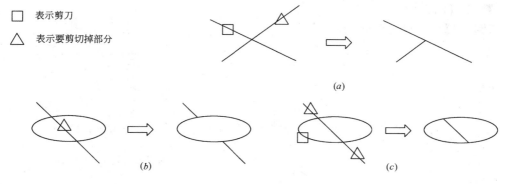

□　表示剪刀

△　表示要剪切掉部分

$(a)$

$(b)$　　　　　　　　　　　　　　　　　$(c)$

图 5-27　修剪

**选项说明**

♥ **栏选（F）**：以围栏方式，选择裁剪对象（图 5-28）。

［栏选（F）/窗交（C）/投影（P）/边（E）/删除（R）/放弃（U）］：f

指定第一个栏选点：　　　　　　　　　　　　　　　　　　　　　　选取 1 点

指定下一个栏选点或［放弃（U）］：　　　　　　　　　　　　　　　选取 2 点

指定下一个栏选点或［放弃（U）］：　　　　　　　　　　　　　　　选取 3 点

指定下一个栏选点或［放弃（U）］：　　　　　　　　　　　　　【Enter】退出

选择要修剪的对象，或按住 Shift 键选择要延伸的对象，或［栏选（F）/窗交（C）/投影（P）/边（E）/删除（R）/放弃（U）］：　　　　　　　　　　【Enter】结束

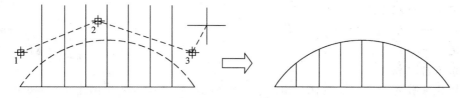

图 5-28　"栏选"选择裁剪对象

♥ **窗交 (C)**：以窗剪方式，选择裁剪对象（图 5-29）。

［栏选（F）/窗交（C）/投影（P）/边（E）/删除（R）/放弃（U）］：c

指定第一个角点：指定对角点：　　　　　　　　　　　　　　　　　选取 1 点再拖动鼠标至 2 点

选择要修剪的对象，或按住 Shift 键选择要延伸的对象，或［栏选（F）/窗交（C）/投影（P）/边（E）/删除（R）/放弃（U）］：　　　　　　　　　　　　　　　　　【Enter】结束

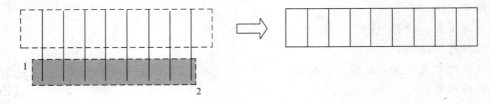

图 5-29　"窗交"选择裁剪对象

♥ **投影 (P)**：设置 3D 图形投影方式
♥ **边 (E)**：设定裁切线是否延伸

**【例 5-1】**　绘制图 5-30 所示图形。

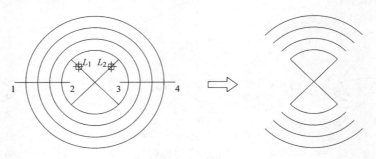

图 5-30　范例 5.1

命令：trim

当前设置：投影＝UCS，边＝无

选择剪切边 ...

选择对象或＜全部选择＞：　　找到 2 个　　　　　　　　　　　　　选取 $L_1$、$L_2$ 剪刀

选择对象：　　　　　　　　　　　　　　　　　　　　　　　　　　　【Enter】退出

选择要修剪的对象，或按住 Shift 键选择要延伸的对象，或输入隐含边延伸模式［延伸（E）/不延伸（N）］＜延伸＞：E　　　　　　　　　　　　　　输入选项 E 延伸

选择要修剪的对象，或按住 Shift 键选择要延伸的对象，或［栏选（F）/窗交（C）/投影（P）/边（E）/删除（R）/放弃（U）］：F　　　　　　　　　　　输入选项 F

指定第一个栏选点：　　　　　　　　　　　　　　　　　　　　　　　选取 1 点

指定下一个栏选点或［放弃（U）］：　　　　　　　　　　　　　　　选取 2 点

指定下一个栏选点或［放弃（U）］：　　　　　　　　　　　　　　　【Enter】退出

对象未与边相交。

选择要修剪的对象，或按住 Shift 键选择要延伸的对象，或［栏选（F）/窗交（C）/投影（P）/边（E）/删除（R）/放弃（U）］：F　　　　　　　　　　　输入选项 F

指定第一个栏选点：                                            选取 3 点
　　指定下一个栏选点或［放弃（U）］：                          选取 4 点
　　指定下一个栏选点或［放弃（U）］：                      【Enter】退出
　　对象未与边相交。
　　选择要修剪的对象，或按住 Shift 键选择要延伸的对象，或［栏选（F）/窗交（C）/投
影（P）/边（E）/删除（R）/放弃（U）］：                    【Enter】结束
**【例 5-2】** 绘制图 5-31 所示图形。

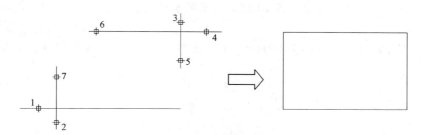

图 5-31

命令：trim
　　当前设置：投影＝UCS，边＝延伸
　　选择剪切边 . . .
　　选择对象或＜全部选择＞：                                  【Enter】
　　选择要修剪的对象，或按住 Shift 键选择要延伸的对象，或［栏选（F）/窗交（C）/投
影（P）/边（E）/删除（R）/放弃（U）］：                  选取 1、2、3、4 点
　　选择要修剪的对象，或按住 Shift 键选择要延伸的对象，或［栏选（F）/窗交（C）/投
影（P）/边（E）/删除（R）/放弃（U）］：              按【shift】键选取 5、6、7 点
　　［栏选（F）/窗交（C）/投影（P）/边（E）/删除（R）/放弃（U）］：    【Enter】结束
♥ **删除（R)：** 删除对象
♥ **放弃（U)：** 退回至上一个操作

## 5.12　延　　伸

延长线形对象到指定的边界（表 5-12）。

表 5-12

| 命令 | extend | 快捷键 | EX |
|---|---|---|---|
| 图标 | 修改工具栏 | | |
| 菜单 | 修改→延伸 | | |

命令：extend
　　当前设置：投影＝UCS，边＝延伸
　　选择边界的边 . . .

选择对象或<全部选择>：找到 1 个 　　　　　　　　　　　　　选取 1 弧线

选择对象： 　　　　　　　　　　　　　　　　　　　　　　　　　　【Enter】

选择要延伸的对象，或按住 Shift 键选择要修剪的对象，或［栏选（F）/窗交（C）/投影（P）/边（E）/放弃（U）］：f 　　　　　　　　　　　　　　输入 F 选项

指定第一个栏选点： 　　　　　　　　　　　　　　　　　　　　　　选取 2 点

指定下一个栏选点或［放弃（U）］： 　　　　　　　　　　　　　　选取 3 点

指定下一个栏选点或［放弃（U）］： 　　　　　　　　　　　　　　　【Enter】

选择要延伸的对象，或按住 Shift 键选择要修剪的对象，或［栏选（F）/窗交（C）/投影（P）/边（E）/放弃（U）］： 　　　　　　　　　　【Enter】结束（图 5-32）

［栏选（F）/窗交（C）/投影（P）/边（E）/放弃（U）］：各选项与修剪命令类同。

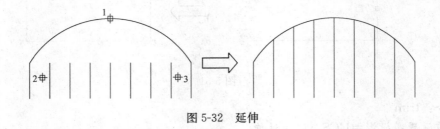

图 5-32　延伸

## 5.13　打　　断

断开线性对象（表 5-13）。

表 5-13

| 命令 | break | 快捷键 | BR |
| --- | --- | --- | --- |
| 图标 | 修改工具栏　□ | | |
| 菜单 | 修改→打断 | | |

命令：break

选择对象： 　　　　　　　　　　　　　　　　　　　　　　　　　　选取圆

指定第二个打断点或［第一点（F）］：F 　　　　　　　　　　　　输入 F 选项

指定第一个打断点： 　　　　　　　　　　　　　　　　　　　　　选取圆上 1 点

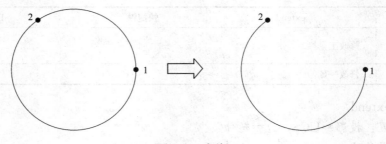

图 5-33　打断

指定第二个打断点 选取圆上2点（图5-33）

提示：断开时对象由第一点逆时针到第二点断开。

## 5.14 分 解

分解多线段、块和尺寸标注等复杂对象（表5-14）。

表5-14

| 命令 | explode | 快捷键 | x |
|---|---|---|---|
| 图标 | 修改工具栏  | | |
| 菜单 | 修改→分解 | | |

命令：explode

选择对象：找到 1 个 选取分解对象

选择对象： 【Enter】结束

提示：不同的对象分解后生成的对象不同。例如，块和尺寸标注分解后还原为原来的二维多线段组成的对象；多段线分解后生成直线或圆弧，同时线宽信息将不再存在（图5-34）。

(a) (b)

图 5-34 分解

(a) 多段线分解；(b) 尺寸分解

## 5.15 圆 角

用圆弧平滑连接两个线性对象（表5-15）。

表5-15

| 命令 | fillet | 快捷键 | F |
|---|---|---|---|
| 图标 | 修改工具栏 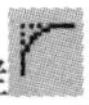 | | |
| 菜单 | 修改→圆角 | | |

命令：fillet

当前设置：模式＝修剪，半径＝0.0000

选择第一个对象或［放弃（U）/多段线（P）/半径（R）/修剪（T）/多个（M）］：

**选项说明**

♥ **半径（R）**：设定倒角半径值

命令：fillet

109

当前设置：模式＝修剪，半径＝0.0000

选择第一个对象或［放弃（U）/多段线（P）/半径（R）/修剪（T）/多个（M）］：r

输入 R 模式

指定圆角半径＜0.0000＞：40　　　　　　　　　　　　　　　　　　　　输入 40

选择第一个对象或［放弃（U）/多段线（P）/半径（R）/修剪（T）/多个（M）］：

选取 1 点

选择第二个对象，或按住 Shift 键选择要应用角点的对象：　　　　　　选取 2 点

♥ **修剪（T）：**设定修剪模式（图 5-35）。

命令：fillet

当前设置：模式＝修剪，半径＝40.0000

选择第一个对象或［放弃（U）/多段线（P）/半径（R）/修剪（T）/多个（M）］：t

输入 T 模式

输入修剪模式选项［修剪（T）/不修剪（N）］＜修剪＞：T　　　输入 N 模式

选择第一个对象或［放弃（U）/多段线（P）/半径（R）/修剪（T）/多个（M）］：

选取 3 点

选择第二个对象，或按住 Shift 键选择要应用角点的对象：　　　　　　选取 4 点

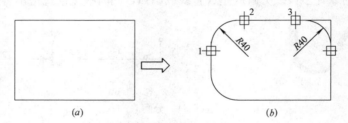

图 5-35　修剪模式

（*a*）修建模式为"修剪"；（*b*）修建模式为"不修剪"

♥ **多段线（P）：**用于多段线修剪（图 5-36）。

命令：fillet

当前设置：模式＝不修剪，半径＝40.0000

选择第一个对象或［放弃（U）/多段线（P）/半径（R）/修剪（T）/多个（M）］：P

输入 P 模式

选择二维多段线：　　　　　　　　　　　　　　　　　　　　　　　　选取矩形

4 条直线已被圆角

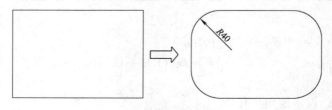

图 5-36　多段线倒圆角

♥ **多个 (M)**：对多个对象倒圆角（图 5-37）。

命令：fillet

当前设置：模式＝不修剪，半径＝20.0000

选择第一个对象或［放弃（U）/多段线（P）/半径（R）/修剪（T）/多个（M）］：m
输入 M 模式

选择第一个对象或［放弃（U）/多段线（P）/半径（R）/修剪（T）/多个（M）］：
选择 1 点

选择第二个对象，或按住 Shift 键选择要应用角点的对象：　选取 2 点

选择第一个对象或［放弃（U）/多段线（P）/半径（R）/修剪（T）/多个（M）］：
选取 3 点

选择第二个对象，或按住 Shift 键选择要应用角点的对象：　选取 4 点

选择第一个对象或［放弃（U）/多段线（P）/半径（R）/修剪（T）/多个（M）］：
选取 5 点

选择第二个对象，或按住 Shift 键选择要应用角点的对象：　选取 6 点

选择第一个对象或［放弃（U）/多段线（P）/半径（R）/修剪（T）/多个（M）］：
【Enter】结束

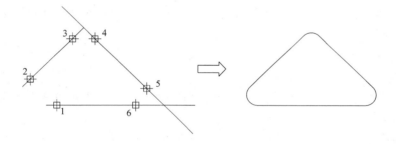

图 5-37　多个倒圆角

♥ **放弃 (U)**：放弃上一个圆角。

**提示：**

1. 如果圆角半径为 0 时，将用直角连接（图 5-38*a*）。

2. 如果选择两条平行线，将以两线之间距为直径连接（图 5-38*b*）。

3. 如果圆角半径太大，超出对象范围，AutoCAD 会提示："图元无法用自身圆角"，即无法实现倒圆角。

　　　　　　　　　　　(*a*)　　　　　　　　　　　　　　　　　　(*b*)

图 5-38　倒圆角特例

(*a*) 圆角半径为"0"；(*b*) 平行两条线圆角

# 5.16 倒　　角

用切角连接两个不平行的线性对象（表5-16）。

表 5-16

| 命令 | chamfer | 快捷键 | CHA |
|---|---|---|---|
| 图标 | 修改工具栏  | | |
| 菜单 | 修改→倒角 | | |

命令：chamfer

（"修剪"模式）当前倒角距离 1＝0.0000，距离 2＝0.0000

选择第一条直线或［放弃（U）/多段线（P）/距离（D）/角度（A）/修剪（T）/方式（E）/多个（M）］：

**选项说明**

♥ **距离（D）**：设定倒角至选定边端点的距离（图 5-39）。

选择第一条直线或［放弃（U）/多段线（P）/距离（D）/角度（A）/修剪（T）/方式（E）/多个（M）］：d　　　　　　　　　　　　　　　　　　输入 D 模式

指定第一个倒角距离＜0.0000＞：30

指定第二个倒角距离＜30.0000＞：50

选择第一条直线或［放弃（U）/多段线（P）/距离（D）/角度（A）/修剪（T）/方式（E）/多个（M）］：　　　　　　　　　　　　　　　　　　　　　　选取 1 点

选择第二条直线，或按住 Shift 键选择要应用角点的直线：　　　　　选取 2 点

♥ **角度（A）**：用第一条线的倒角距离及与倒边的夹角完成倒角（图 5-39）。

选择第一条直线或［放弃（U）/多段线（P）/距离（D）/角度（A）/修剪（T）/方式（E）/多个（M）］：a　　　　　　　　　　　　　　　　　　输入 A 模式

指定第一条直线的倒角长度＜0.0000＞：50

指定第一条直线的倒角角度＜0＞：60

选择第一条直线或［放弃（U）/多段线（P）/距离（D）/角度（A）/修剪（T）/方式（E）/多个（M）］：　　　　　　　　　　　　　　　　　　　　　　选取 3 点

选择第二条直线，或按住 Shift 键选择要应用角点的直线：　　　　　选取 4 点

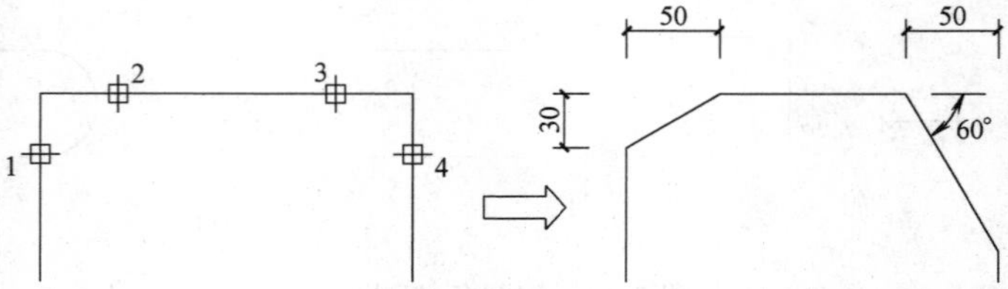

图 5-39　设置距离或角度倒角

♥ **多段线 (P)：** 对整个多段线倒角（图5-40）。

选择第一条直线或［放弃（U）/多段线（P）/距离（D）/角度（A）/修剪（T）/方式（E）/多个（M）］：p                                             输入P模式

选择二维多段线：                                                           选取矩形

4条直线已被倒角

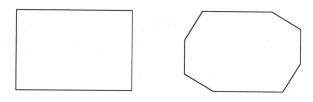

图5-40　多段线倒角

♥ **修剪 (T)：** 设定修剪模式（图5-41）。

选择第一条直线或［放弃（U）/多段线（P）/距离（D）/角度（A）/修剪（T）/方式（E）/多个（M）］：t                                             输入T模式

输入修剪模式选项［修剪（T）/不修剪（N）］＜修剪＞：n                    输入N模式

选择第一条直线或［放弃（U）/多段线（P）/距离（D）/角度（A）/修剪（T）/方式（E）/多个（M）］：                                                选取1点

选择第二条直线，或按住Shift键选择要应用角点的直线：                     选取2点

♥ **方式 (E)：** 选择倒角采用"距离"或"角度"（图5-41）。

选择第一条直线或［放弃（U）/多段线（P）/距离（D）/角度（A）/修剪（T）/方式（E）/多个（M）］：e                                             输入E模式

输入修剪方法［距离（D）/角度（A）］＜距离＞：D                          输入D模式

选择第一条直线或［放弃（U）/多段线（P）/距离（D）/角度（A）/修剪（T）/方式（E）/多个（M）］：                                                选取3点

选择第二条直线，或按住Shift键选择要应用角点的直线：                    ·选取4点

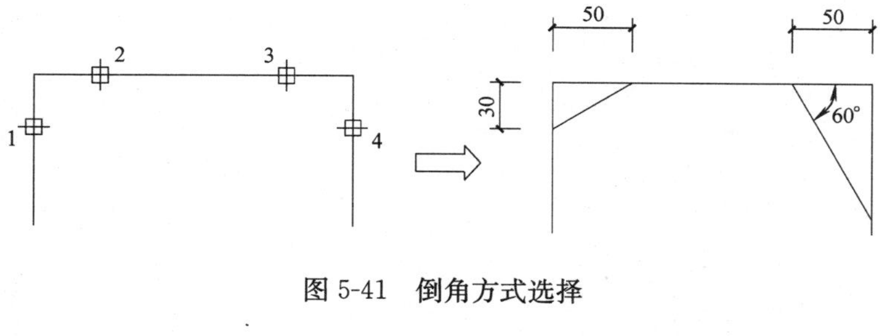

图5-41　倒角方式选择

♥ **多个 (M)：** 对多组对象边倒角（图5-42）。

选择第一条直线或［放弃（U）/多段线（P）/距离（D）/角度（A）/修剪（T）/方式（E）/多个（M）］：m                                             输入M模式

选择第一条直线或［放弃（U）/多段线（P）/距离（D）/角度（A）/修剪（T）/方式（E）/多个（M）］：                                                选取1点

选择第二条直线，或按住 Shift 键选择要应用角点的直线：　　　　　　　　选取 2 点
　　选择第一条直线或［放弃（U）/多段线（P）/距离（D）/角度（A）/修剪（T）/方式（E）/多个（M）］：　　　　　　　　　　　　　　　　　　　　　　　　选取 3 点
　　选择第二条直线，或按住 Shift 键选择要应用角点的直线：　　　　　　　　选取 4 点
　　选择第一条直线或［放弃（U）/多段线（P）/距离（D）/角度（A）/修剪（T）/方式（E）/多个（M）］：　　　　　　　　　　　　　　　　　　　　　　　　选取 5 点
　　选择第二条直线，或按住 Shift 键选择要应用角点的直线：　　　　　　　　选取 6 点
　　选择第一条直线或［放弃（U）/多段线（P）/距离（D）/角度（A）/修剪（T）/方式（E）/多个（M）］：　　　　　　　　　　　　　　　　　　　　　　　　【Enter】结束

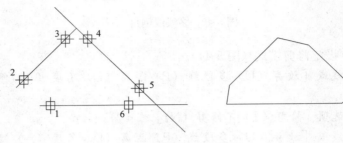

图 5-42　多个倒角

　　♥　**放弃（U）**：放弃上一个倒角。

范例与上机练习

【例5-3】 绘制图5-43所示图形。

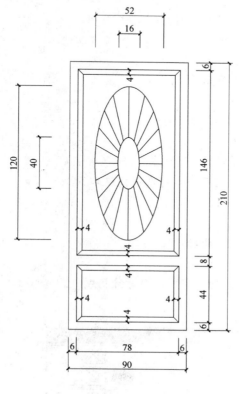

图 5-43

**步骤1  绘矩形** (图 5-45a)

命令：rectang

指定第一个角点或 ［倒角 (C)/标高 (E)/圆角 (F)/厚度 (T)/宽度 (W)］:

任意一点

指定另一个角点或 ［尺寸 (D)］: @90，210

命令：rectang

指定第一个角点或 ［倒角 (C)/标高 (E)/圆角 (F)/厚度 (T)/宽度 (W)］: from

基点：选取 1 点

＜偏移＞: @6，6输入坐标@6，6

指定另一个角点或 ［尺寸 (D)］: @78，44

命令：rectang

指定第一个角点或 ［倒角 (C)/标高 (E)/圆角 (F)/厚度 (T)/宽度 (W)］: from

115

基点：　　　　　　　　　　　　　　　　　　　　　　　　　　选取 2 点

<偏移>：@0，8　　　　　　　　　　　　　　　　　输入坐标@0，8

指定另一个角点或［尺寸（D）］：@78，146

**步骤 2　偏移矩形和连线**（图 5-45*b*）

命令：offset

指定偏移距离或［通过（T）］<10.0000>：4

选择要偏移的对象或<退出>：　　　　　　　　　选取 78×44 矩形

指定点以确定偏移所在一侧：　　　　　　　　　　点取矩形里边

选择要偏移的对象或<退出>：　　　　　　　　　选取 78×146 矩形

指定点以确定偏移所在一侧：　　　　　　　　　　点取矩形里边

**步骤 3　绘小椭圆**（图 5-45*c*）

命令：ellipse

指定椭圆的轴端点或［圆弧（A）/中心点（C）］：c

<极轴开>　<对象捕捉开><对象捕捉追踪开>　　打开【F3】、【F10】、【F11】

指定椭圆的中心点：　　　　　　　　　　　　　捕捉@78，146 矩形中心

指定轴的端点：20　　　　　　　　　　　　　　　　　　Y 方向 20

指定另一条半轴长度或［旋转（R）］：8　　　　　　　　 X 方向 8

绘大椭圆（略）

**步骤 4　设置点的样式**（图 5-44），**绘等分制点**（图 5-45*d*）。

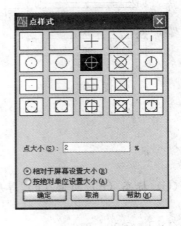

图 5-44

命令：ddptype

命令：divide

选择要定数等分的对象：　　　　　　　　　　　　　选取椭圆

输入线段数目或［块（B）］：20

**步骤 5　连线完成全图**（图 5-45*e*）。

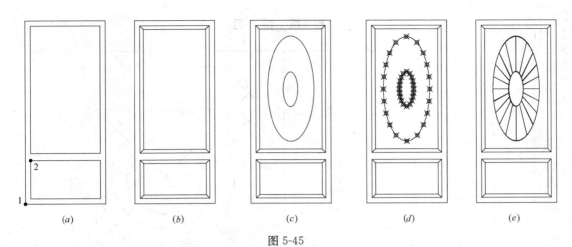

图 5-45

(*a*) 步骤 1；(*b*) 步骤 2；(*c*) 步骤 3；(*d*) 步骤 4；(*e*) 步骤 5

# 上 机 练 习

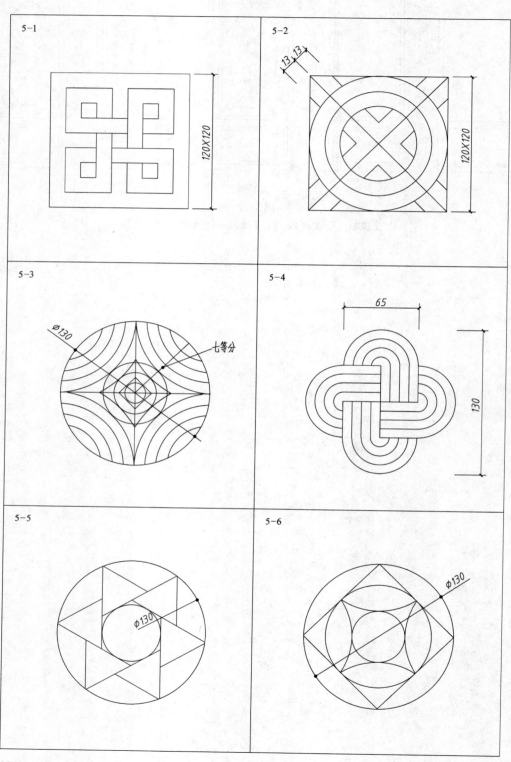

5-1

120×120

5-2

13 13

120×120

5-3

Φ130

七等分

5-4

65

130

5-5

Φ130

5-6

Φ130

118

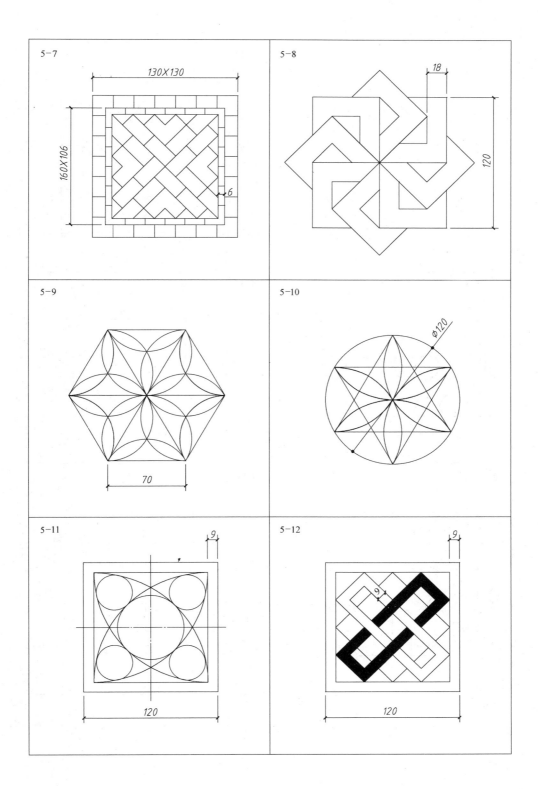

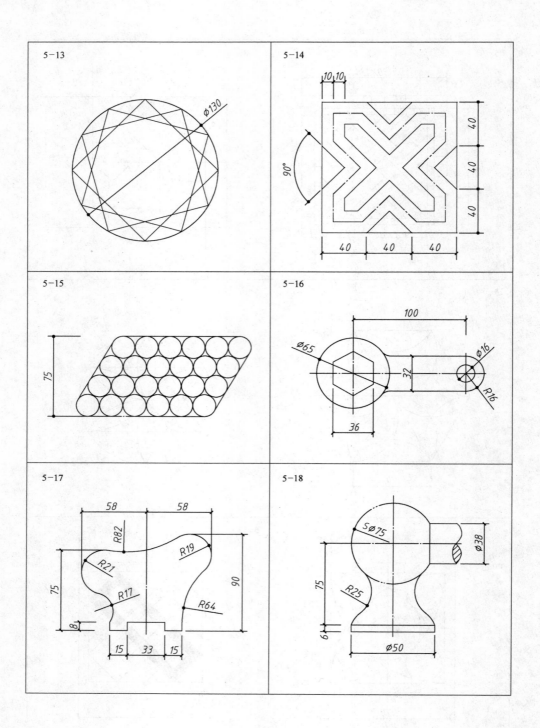

5-13

5-14

5-15

5-16

5-17

5-18

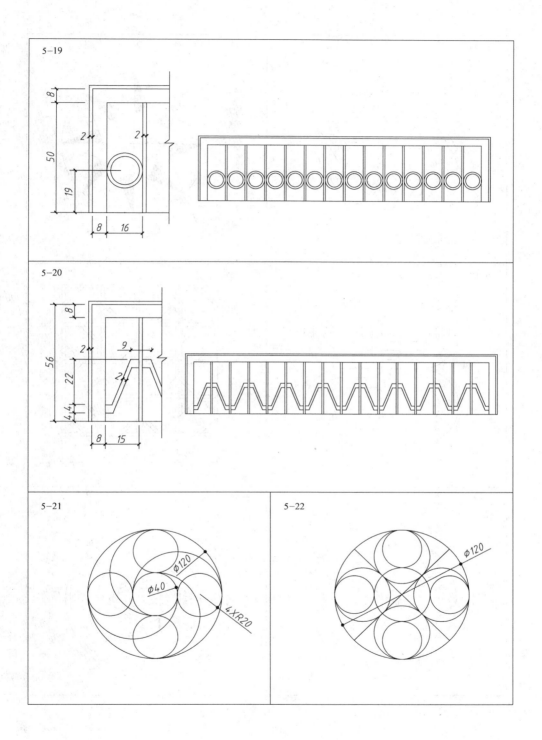

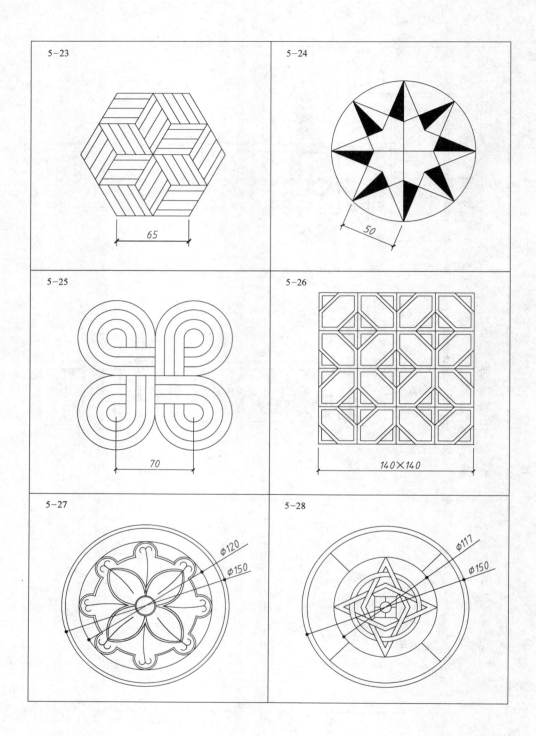

5-23

65

5-24

50

5-25

70

5-26

140×140

5-27

Φ120
Φ150

5-28

Φ117
Φ150

# 第6章 填充命令

## 6.1 图案填充

建立图案与图案填充（表6-1）。

表 6-1

| 命令 | bhatch 或 hatch | 快捷键 | H 或 BH |
|------|----------------|--------|---------|
| 图标 | 绘图工具栏 | | |
| 菜单 | 绘图→图案填充 | | |

命令：bhatch **打开"图案填充和渐变色"对话框（图6-1）。**

图 6-1 "图案填充和渐变色"对话框

**使用说明**

**1. 选取图案**

♥ 切换"类型"至"预定义"（图6-2）。

♥ 点击"图案"  出现图案名称列表，直接选取要填充的

图 6-2 类型

图案。

♥ 点击"图案" 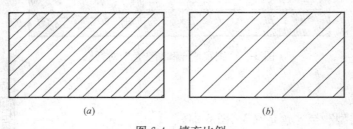 或填充样例 打开图案样例表，直接选取要填充的图案（图 6-3）。

♥ 或选用"用户定义"的图案。

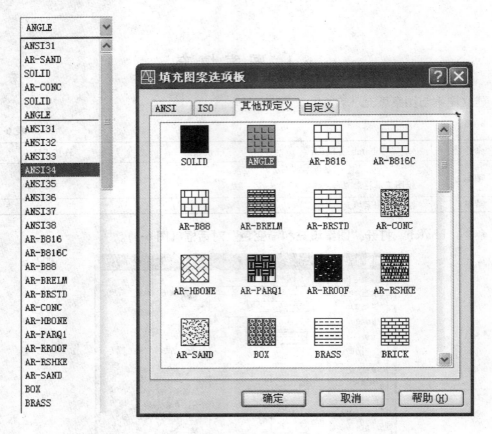

图 6-3　填充图案选项板

**2. 设置填充图案的性质**

♥ 选取"预定义"时，设置"样式、比例、角度"。

♥ 使用"用户定义"时，设置"角度、间距、双向"。

♥ 使用"自定义"时，设置"自定义图案、比例、角度"。

比例：填充图案比例设置（图 6-4）

（*a*）　　　　　　　　　　　　　　　（*b*）

图 6-4　填充比例

（*a*）比例＝1；（*b*）比例＝2

角度：填充图案角度设置（图 6-5）。

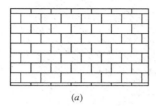
(a)
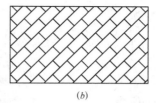
(b)

图 6-5　填充角度
(a) 角度＝0；(b) 角度＝45

双向：双向图案填充，即反向垂直角度再填充的开或关。

**3. 设置填充边界**

♥ **拾取点**：将鼠标光标移至欲作图案填充的封闭区域内按下左键，AutoCAD 会自动检测出边界，并显示虚线边界（图 6-6）。

♥ **选择对象**：以选择图素的方式决定边界，可点选也可窗选（图 6-7）。

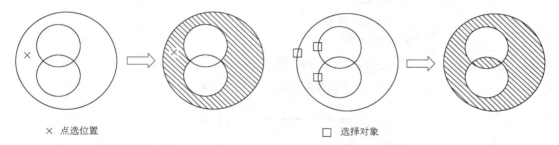

×　点选位置　　　　　　　　　　　　　□　选择对象

图 6-6　"拾取点"选择填充边界　　　　　　图 6-7　"选择对象"选择填充边界

♥ **删除边界**：当用选择点的方式点取一物体的内部时，除了物体的外形被选到外，物体内部若有其他对象也会被选到，此时就可用此按钮来删除孤立的对象，文字也属孤立对象（图 6-8），

命令：bhatch

打开"图案填充和渐变色"对话框，选择"添加：拾取点　📇 添加:拾取点 "按钮，进入绘图区。

拾取内部点或〔选择对象(S)/删除边界(B)〕：　正在选择所有对象…　　　选择点 1

正在选择所有可见对象…

正在分析所选数据…

正在分析内部孤岛…

拾取内部点或〔选择对象(S)/删除边界(B)〕：　　　　　　　　　　　　【Enter】

返回对话框选择"确定"选择"删除边界 📇 删除边界(D) "按钮，进入绘图区。

选择对象或〔添加边界（A）〕：　　　　　　　　　　　　　　　　选择点 2

选择对象或〔添加边界（A）/放弃（U）〕：　　　　　　　　　　　选择点 3

选择对象或〔添加边界（A）/放弃（U）〕：　　　　　　　　　　　选择点 4

选择对象或〔添加边界（A）/放弃（U）〕：　　　　　　　　　　　【Enter】

返回对话框选择"预览"，进入绘图区观察填充结果，满意按【Enter】完成填充，不满意按【Esc】回到对话框进行调整，再执行"确定"填充完毕。

125

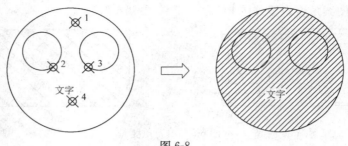

图 6-8

### 4. 其他选项含义

♥ **图案填充原点**：设置填充图案的原点为位置。

选择"图案填充原点"中"指定的原点"的 ▢按钮，进入绘图区选择填充原点；选择列表中的"左下、右下、右上、左上、正中"（图 6-9）。

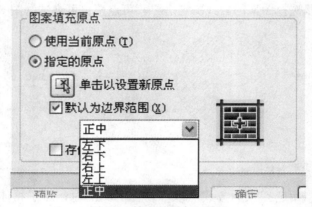

图 6-9 填充"原点"设置

♥ **选项**

① 关联式图案填充（图 6-10）

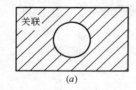 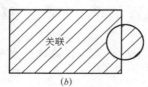 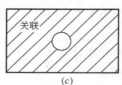 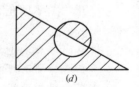

图 6-10 关联填充

（a）原图；（b）移动文字和圆；（c）改变文字和圆的大小；（d）移动矩形顶点和删除文字

② 非关联式图案填充（图 6-11）

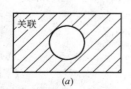 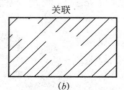 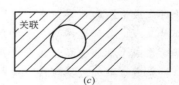

图 6-11 非关联填充

（a）原图；（b）移动文字和删除圆；（c）改变矩形顶点

创建独立的图案填充：定义填充图案创建时，为统一对象或个别独立对象。

③ 非创建独立的图案填充：删除时填充整个对象全删除（图6-12）。

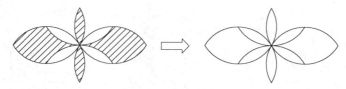

图6-12　非独立图案填充

④ 创建独立的图案填充：删除时填充独立对象删除（图6-13）。

♥ **绘图次序**：设置填充图的绘制次序（图6-14）。

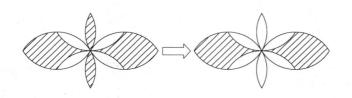

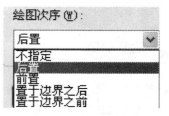

图6-13　独立图案填充　　　　　　　图6-14　设置绘图次序

**5. 继承特性**：复制图形上已存在的图案填充特性为当前的图案填充特性。

**6. 孤岛**（图6-15，图6-16）

选择箭头按钮进入孤岛选项

图6-15　进入孤岛

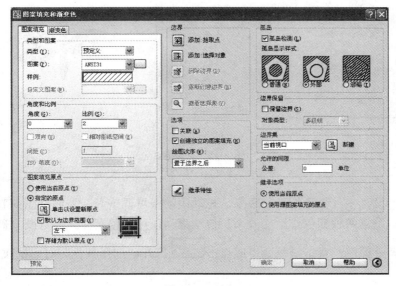

图6-16　孤岛

孤岛检测样式（图 6-17）

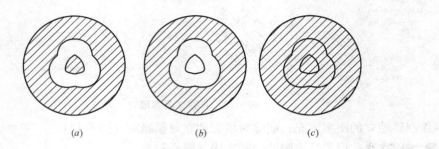

图 6-17　孤岛检测
(*a*) 普通；(*b*) 外部；(*c*) 忽略

**7. 边界保留**

如选中"保留边界"，当选取是使用"添加：拾取点"时，所产生的边界即被保留，保留对象类型有"多段线"和"面域"两种。

**8. 渐变色**（图 6-18）

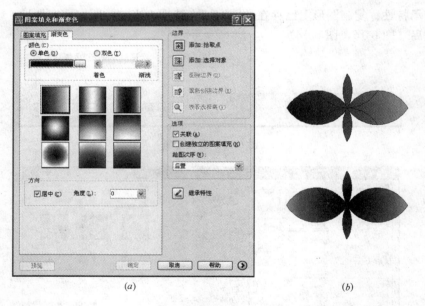

图 6-18　渐变色
(*a*) "渐变色"选项卡；(*b*) 渐变色图案填充

♥ **单色**：设置一种颜色作渐变效果。拉动滚动条可调整渐变强度（图 6-19）。

♥ **双色**：设置两种颜色作渐变效果。拉动滚动条可调整渐变强度（图 6-20）。

♥ **修改渐变颜色**：双击颜色区，或点击 [...] 打开"选择颜色"对话框改变颜色（图 6-21）。

♥ **渐变效果**（图 6-22）

128

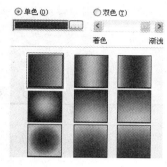

图 6-19 单色

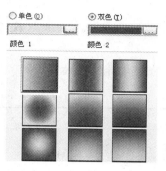

图 6-20 双色

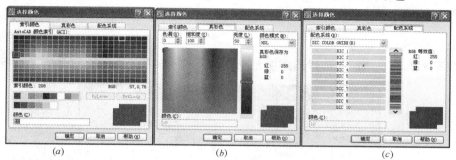

图 6-21 "选择颜色"对话框

(a) 索引颜色；(b) 真彩色；(c) 配色系统

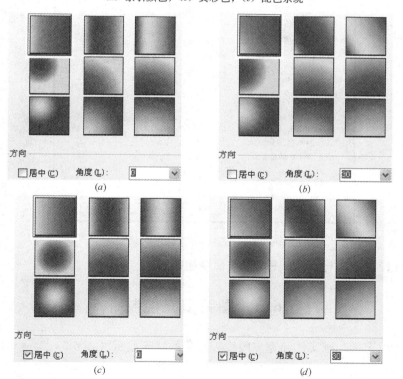

图 6-22 渐变效果

(a) 不居中，角度＝0；(b) 不居中，角度＝30°；(c) 居中，角度＝0；(d) 居中，角度＝30°

## 6.2　图案填充编辑

修改图案填充特性（表6-2）。

表 6-2

| 命令 | hatchedit | 快捷键 | HE |
|---|---|---|---|
| 图标 | 修改Ⅱ工具栏 ◪ | | |
| 菜单 | 修改→对象→图案填充 | | |
| 双击鼠标 | 将光标放到填充图案上双击 | | |

命令：hatchedit

选择图案填充对象：　选择图案填充图形打开"图案填充编辑"对话框（图6-23）。

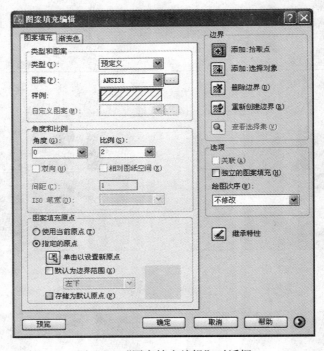

图 6-23　"图案填充编辑"对话框

各种特性设置方法与 hatch 图案填充命令相通。

## 6.3　图案填充控制

控制图案填充、二维实体和宽多段线等对象的填充显示（表6-3）。

表 6-3

| 命令 | fill |
|---|---|

命令：fill

输入模式［开（ONP)/关（OFF)］＜开＞：off　　　　关闭填充显示

命令：regen 正在重生成模型　　　　　　　　　　　　重生成模型

# 6.4　工具选项板

快速拖拽创建图案填充（表 6-4）。

表 6-4

| 命令 | toolpalettes | | 快捷键 | 【Ctrl】+3 |
|------|------|------|------|------|
| 菜单 | 工具→工具选项板窗口 | | | |

命令：toolpalettes　　　　　　　　　　　　打开工具选项板（图 6-24）

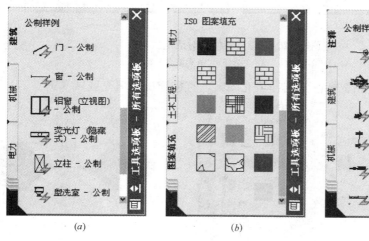

(a)　　　　　　　　　(b)　　　　　　　　　(c)

图 6-24　工具选项板

(a) 建筑样例；(b) 图案填充样例；(c) 注释命令

**使用说明**

♥ **定义图案填充特性**：将光标移到要定义图案上，单击鼠标右键出现菜单，选取"特性"（图 6-25）。

图 6-25　工具选项板快捷菜单

131

打开"工具特性"对话框（图6-26）。

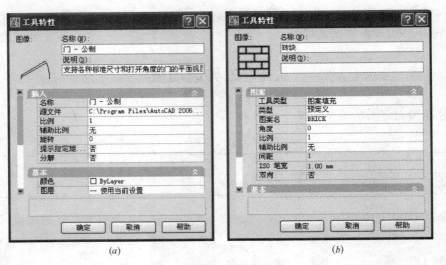

(a)                           (b)

图 6-26  "工具特性"对话框

(a)"图块插入"特性；(b)"图案填充"特性

♥ **建立图案填充**：用鼠标左键选择填充图案，直接拖曳至填充区域（图6-27）。

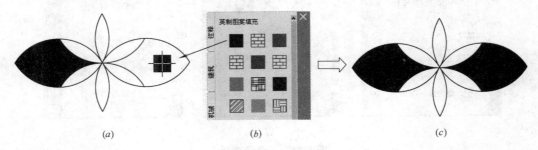

(a)                    (b)                 (c)

图 6-27  图案填充

(a) 原图；(b) 图案样例；(c) 填充后

# 上 机 练 习

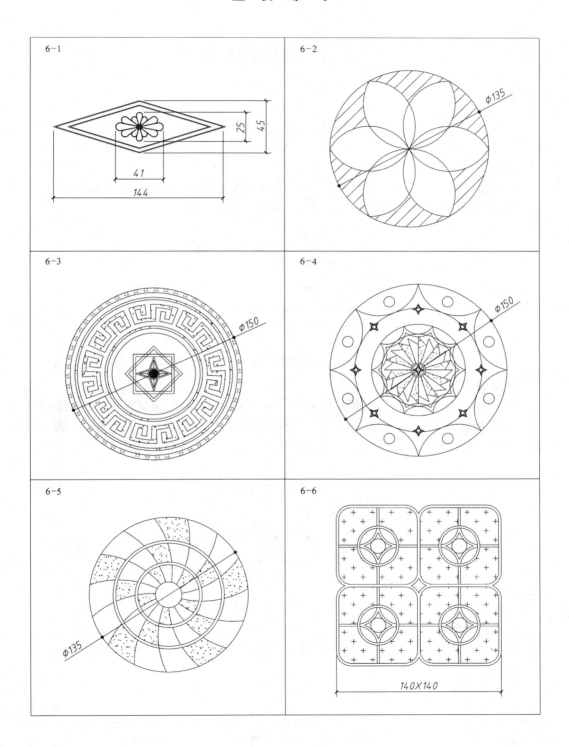

6-1

6-2

6-3

6-4

6-5

6-6

# 第7章 复杂编辑命令

## 7.1 夹 点 操 作

### 1. 夹点

用鼠标左键单击或窗选对象（按【shift】可添加选择），对象上显示出的蓝色小方块（本图的黑色小方格）即是夹点，常用对象的夹点显示（图7-1）。

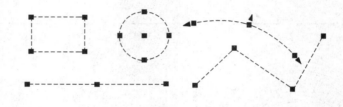

图7-1 矩形、圆、圆弧、直线、多段线的夹点

### 2. 拖动修改

选择夹点后，用鼠标左键捕捉夹点（按【shift】键同时使用鼠标左键可捕捉若干夹点），使夹点显示呈红色就可以拖动改变对象的形状和尺寸。如下图捕捉矩形、圆、圆弧、直线和多段线上 A、B、C 和 1 夹点拖动鼠标由 1 点至 2 点（图7-2）。

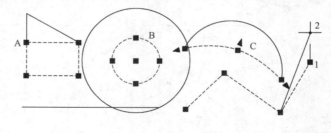

图7-2 夹点的拖动修改

### 3. 夹点对象修改

选择夹点后，单击鼠标右键将弹出快捷菜单，选取其中的"删除、移动、复制、旋转等"可修改夹点对象（图7-3）。

### 4. 夹点设置（表7-1）

表 7-1

| 命令 | options | 快捷键 | OP |
|------|---------|--------|-----|
| 菜单 | 工具→选项→选择 | | |

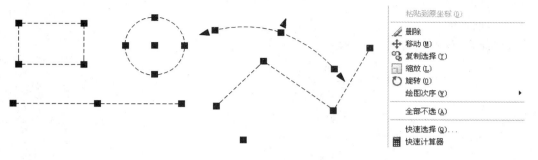

图 7-3

打开"选项选择"对话框进行设置（图 7-4）。

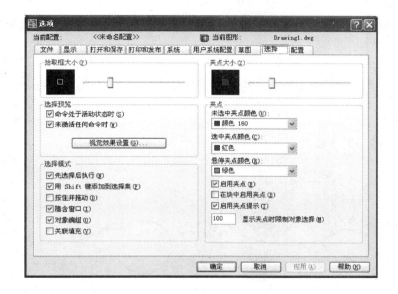

图 7-4　"选项→选择"选项卡

## 7.2　编辑多段线

编辑多段线（表 7-2）。

表 7-2

| 命令 | pedit | 快捷键 | PE |
|---|---|---|---|
| 图标 | 修改Ⅱ工具栏 ✐ | | |
| 菜单 | 修改→对象→多段线 | | |

命令：pedit

选择多段线或［多条（M）］：　　　　　　　　选择多段线

输入选项

［闭合(C)/合并(J)/宽度(W)/编辑顶点(E)/拟合(F)/样条曲线(S)/非曲线化(D)/线

型生成(L)

**选项说明**

♥**闭合（C)/打开（O)**：闭合或打开一条多段线（图7-5）。

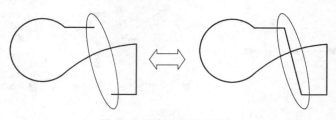

图7-5　闭合成打开多段线

打开一条闭合的多段线时，删除的是多段线中最后绘出的一段。

♥**合并（J)**：将其他的多段线、直线或圆弧连接到正在编辑的多段线上，从而形成一条新的多段线（图7-6）。

［闭合(C)/合并(J)/宽度(W)/编辑顶点(E)/拟合(F)/样条曲线(S)/非曲线化(D)/线型生成(L)/放弃(U)]：j　　　　　　　　　　　　　　　　　　　　　　　　输入 J 模式

选择对象：总计 4 个　　　　　　　　　　　　　　　　　　　　　　　选择 1、2、3、4 点

选择对象：　　　　　　　　　　　　　　　　　　　　　　　　　　　　　　【Enter】

条线段已添加到多段线

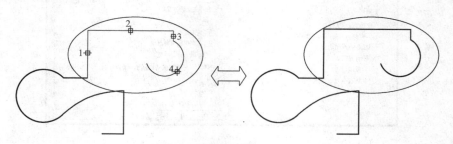

图7-6　合并直线

♥ **宽度（W)**：改变多段线的宽度。对于宽度不同的多段线，使用宽度选项后将统一改变为新设置的宽度（图7-7）。

［闭合(C)/合并(J)/宽度(W)/编辑顶点(E)/拟合(F)/样条曲线(S)/非曲线化(D)/线型生成(L)/放弃(U)]：w　　　　　　　　　　　　　　　　　　　　　　　　输入 W 模式

指定所有线段的新宽度：0　　　　　　　　　　　　　　　　　　　　　　新线宽为 0

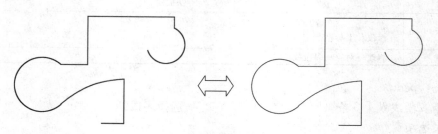

图7-7　改变线宽度

♥ **编辑顶点（E）**：可以对多段线的各顶点进行编辑（图7-8）。

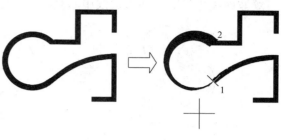

图7-8　编辑顶点

　　输入顶点编辑选项

　　［下一个(N)/上一个(P)/打断(B)/插入(I)/移动(M)/重生成(R)/拉直(S)/切向(T)/宽度(W)/退出(X)]<N>：

　　其中：

·下一个（N）：使顶点的位置标志逐一向后移动。

·上一个（P）：使顶点的位置标志逐一向前移动。

·打断（B）：使多段线在当前顶点处断开，从而成为两条新的多段线。

·插入（I）：在多段线上增加顶点，用户通过输入坐标值或移动鼠标来确定新顶点的位置。

·移动（M）：通过输入坐标值或移动鼠标来重新确定当前顶点的位置。

·重生成（R）：重画多段线，恢复表面消失而实际存在的多段线。

·拉直（S）：从一条多段线中删除多余的顶点。

·切向（T）：指定顶点的切向，可以通过移动鼠标指定一个点或从键盘上输入坐标来完成。

·宽度（W）：为多段线指定不同的宽度。

　　命令 pedit

　　选择多段线或［多条（M）]：　　　　　　　　　　　　　　　　　　　　　选择多段线

　　输入选项

　　［闭合(C)/合并(J)/宽度(W)/编辑顶点(E)/拟合(F)/样条曲线(S)/非曲线化(D)/线型生成(L)/放弃(U)]：e　　　　　　　　　　　　　　　　　　　　　　　　输入 E 模式

　　［下一个(N)/上一个(P)/打断(B)/插入(I)/移动(M)/重生成(R)/拉直(S)/切向(T)/宽度(W)/退出(X)] <N>：　　　　　　　　　　　　　　　　　　　　　　选择 1 点

　　输入顶点编辑选项

　　［下一个(N)/上一个(P)/打断(B)/插入(I)/移动(M)/重生成(R)/拉直(S)/切向(T)/宽度(W)/退出(X)]<N>：w　　　　　　　　　　　　　　　　　　　　　　输入 W 模式

　　指定下一线段的起点宽度 <12.0000>：0　　　　　　　　　　　　　　　起点线宽

　　指定下一线段的端点宽度 <0.0000>：30　　　　　　　　　　　　　　　终点线宽

　　输入顶点编辑选项

　　［下一个(N)/上一个(P)/打断(B)/插入(I)/移动(M)/重生成(R)/拉直(S)/切向(T)/宽度(W)/退出(X)] <N>：X　　　　　　　　　　　　　　　　　　　　　　退出模式

　　［闭合(C)/合并(J)/宽度(W)/编辑顶点(E)/拟合(F)/样条曲线(S)/非曲线化(D)/线型生成(L)/放弃(U)]：　　　　　　　　　　　　　　　　　　　　【Enter】结束

　　♥ **拟合（F）**：对多段线进行曲线拟和，也就是通过多段线的每一个顶点建立连续的圆弧，这些圆弧彼此在连接处相切［图7-9（a）]。

　　♥ **样条曲线（S）**：以原多段线的顶点为控制点生成样条曲线，多段线的顶点及其相互关系决定了样条曲线的路径［图7-9（b）]。

♥**非曲线化（D）**：将多段线中非直线的部分转变为直线〔图7-9（c）〕。

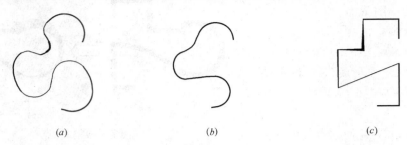

（a）　　　　　　　　（b）　　　　　　　　（c）

图7-9　拟合，样条曲线非曲线化编辑

♥ **线型生成（L）**：线型尺寸调整。

♥ **放弃（U）**：放弃上一个操作。

## 7.3　编　辑　多　线

编辑多线（表7-3）。

表 **7-3**

| 命令 | mledit | 快捷键 | 无 |
|---|---|---|---|
| 图标 | 修改Ⅱ工具栏 ✎ | | |
| 菜单 | 修改→对象→多线 | | |

命令：mledit

打开"多线编辑工具"对话框，选择编辑种类（图7-10～图7-11）。

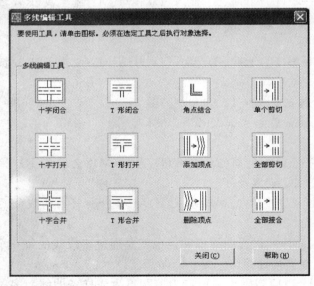

图 7-10　"多线编辑工具"对话框

**选项说明**

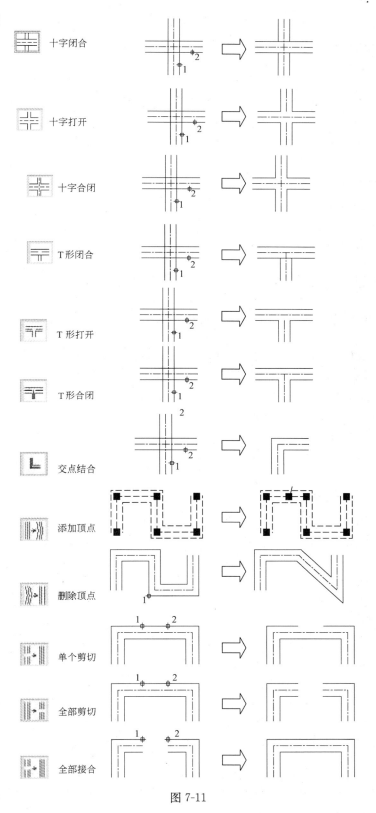

图 7-11

| 选择第一条多线： | 选取多线 |
|---|---|
| 选择第二条多线： | 选取多线 |
| 选择第一条多线 或 [放弃 (U)]： | 【Enter】结束 |

# 7.4 编辑样条曲线

编辑由 Spline 绘制的样条曲线（表7-4）。

表 7-4

| 命令 | splinedit | 快捷键 | SPE |
|---|---|---|---|
| 图标 | 修改工具栏  | | |
| 菜单 | 修改→对象→样条曲线 | | |

命令：splinedit

选择样条曲线：

输入选项 [拟合数据(F)/闭合(C)/移动顶点(M)/精度(R)/反转(E)/放弃(U)]：

**选项说明**

♥ **拟合数据 (F)：**曲线上拟合控制点模式，移动控制点。

输入选项 [拟合数据(F)/闭合(C)/移动顶点(M)/精度(R)/反转(E)/放弃(U)]：f

输入拟合数据选项

[添加(A)/闭合(C)/删除(D)/移动(M)/清理(P)/相切(T)/公差(L)/退出(X)]＜退出＞：

· 添加 (A)：增加曲线拟合点。

· 闭合 (C)/打开 (O)：打开或闭合样条曲线。

· 删除 (D)：删除夹点。

· 移动 (M)：移动夹点。

· 清理 (P)：舍去控制点拟合控制模式。

· 相切 (T)：重新设置切线方向。

· 公差 (L)：曲线公差设置。

· 退出 (X)：离开编辑。

♥ **闭合 (C)/打开 (O)：**闭合或打开样条曲线（图7-12）。

图 7-12 闭合与打开

（a）打开；（b）闭合

♥ **移动顶点 (M)：**移动顶点，进入后选项。

♥ **精度 (R)：**精确调整样条曲线（图7-13、7-14）。

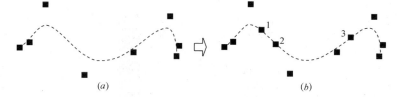

图 7-13　样条曲线精度调整—控制点

(a) 原图；(b) 增加 1、2、3 控制点

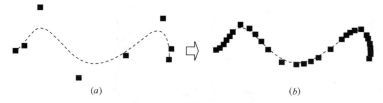

图 7-14　样条曲线精度调整—阶数

(a) 原图；(b) "阶数"由 4 变为 8

输入选项 ⌈闭合(C)/移动顶点(M)/精度(R)/反转(E)/放弃(U)/退出(X)⌉ ＜退出＞：r

　　　　　　　　　　　　　　　　　　　　　　　　　　输入 R 模式

输入精度选项 ⌈添加控制点(A)/提高阶数(E)/权值(W)/退出(X)⌉ ＜退出＞：a

　　　　　　　　　　　　　　　　　　　　　　　　　　输入 A 模式

在样条曲线上指定点＜退出＞：　　　　　　　　　　　　选择 1、2、3 点

在样条曲线上指定点＜退出＞：　　　　　　　　　　　　【Enter】

输入精度选项 ⌈添加控制点(A)/提高阶数(E)/权值(W)/退出(X)⌉ ＜退出＞：e

　　　　　　　　　　　　　　　　　　　　　　　　　　输入 E 模式

输入新阶数 ＜4＞：8　　　　　　　　　　　　　　　　　输入 8

输入精度选项 ⌈添加控制点(A)/提高阶数(E)/权值(W)/退出(X)⌉ ＜退出＞：

　　　　　　　　　　　　　　　　　　　　　　　　　　【Enter】

♥ **反转 (E)**：控制点位置头尾颠倒。

♥ **放弃 (U)**：回到上一个编辑选项。

# 7.5　特　　性

修改对象的特性（表 7-5）。

表 7-5

| 命令 | properties | 快捷键 | 【Ctrl】+1 |
|---|---|---|---|
| 图标 | 标准工具栏 | | |
| 菜单 | 工具/修改→特性 | | |
| 鼠标调入 | 将鼠标移到对象上双击左键 | | |

命令：properties

打开"特性"窗口（图 7-15）。

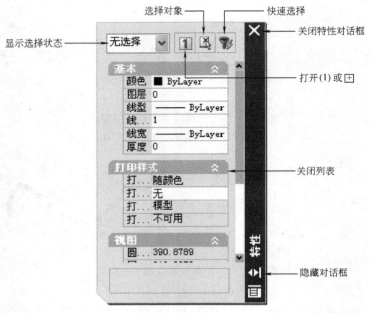

图 7-15

**范例说明**

**① 选择对象，全部修改**

♥ 框选对象（图 7-16）。

♥ 选取特性窗口"线型"，单击下拉按钮，选取新线型（图 7-17）。

♥ 完成修改，按【Esc】取消夹点状态。

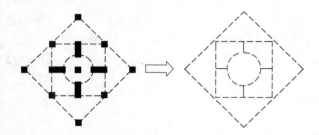

图 7-16 修改线型

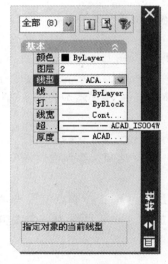

图 7-17 选择对象全部修改

**② 选择对象，再过滤同类对象作修改**

♥ 框选对象（图 7-18）。

♥ 选择特性窗口清单中圆（图 7-19）。

♥ 修改半径。

♥ 完成修改，按【Esc】取消夹点状态。

**③ 修改填充**

♥ 选取填充对象（图 7-20）。

♥ 选择特性窗口"比例"，修改填充比例（图 7-21）。

♥ 完成修改，按【Esc】取消夹点状态。

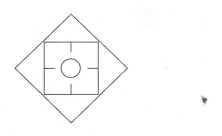

图 7-18  修改圆半径尺寸

图 7-19  过滤同类

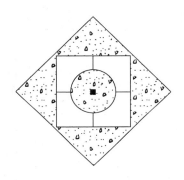

图 7-20

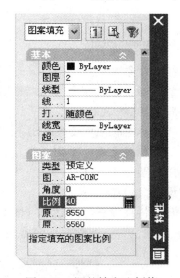

图 7-21  调整填充比例值

④ **改变字高**

♥ 选取文字（图 7-22）。

♥ 选择特性窗口"字高"，修改字高值（图 7-23）。

♥ 完成修改，按【Esc】取消夹点状态。

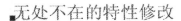

无处不在的特性修改

图 7-22  修改文字高度

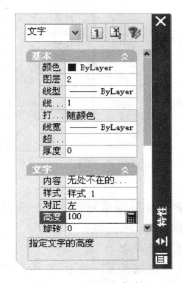

图 7-23  调整字高度

# 7.6 特性匹配

把某一对象的特性复制给其它若干对象（表7-6）。

表7-6

| 命令 | matchprop | 快捷键 | MA |
|---|---|---|---|
| 图标 | 修改工具栏 ✎ | | |
| 菜单 | 修改→特性匹配 | | |

命令：matchprop

选择源对象：　　　　　　　　　　　　　　　选择来源对象，选完后十字光标呈刷子状 ✑

当前活动设置：颜色 图层 线型 线型比例 线宽 厚度 打印样式 文字 标注 填充图案
多段线 视口 表格　　　　　　　　　　　　当前选定对象的特性匹配设置

选择目标对象或［设置（S）］：　　　　　　　选择要复制特性的对象

选择目标对象或［设置（S）］：　　　　　　　选完后按【Enter】退出

**使用说明**

♥**设置（S）：**

打开"特性设置"对话框（图7-24），在此可以选中或关闭匹配的对象特点的复选框（例如关闭颜色，在匹配操作时颜色部分不会变更）。

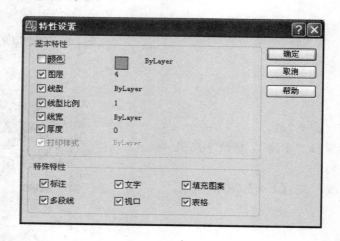

图7-24　"特性设置"对话框

♥ **复制图案填充特性**（图7-25）。

命令：matchprop

选择源对象：　　　　　　　　　　　　　　　　　　　　　选取1点

当前活动设置：颜色 图层 线型 线型比例 线宽 厚度 打印样式 文字 标注 填充图案
多段线 视口 表格

144

选择目标对象或［设置（S)］：
选择目标对象或［设置（S)］：

选取 2 点
【Enter】退出

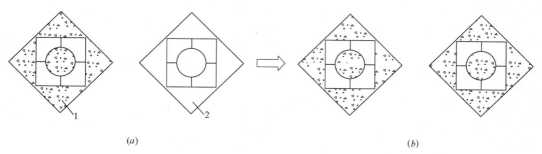

(a)                                        (b)

图 7-25  特性匹配修改
(a) 原图；(b) 复制图案填充

# 上 机 练 习

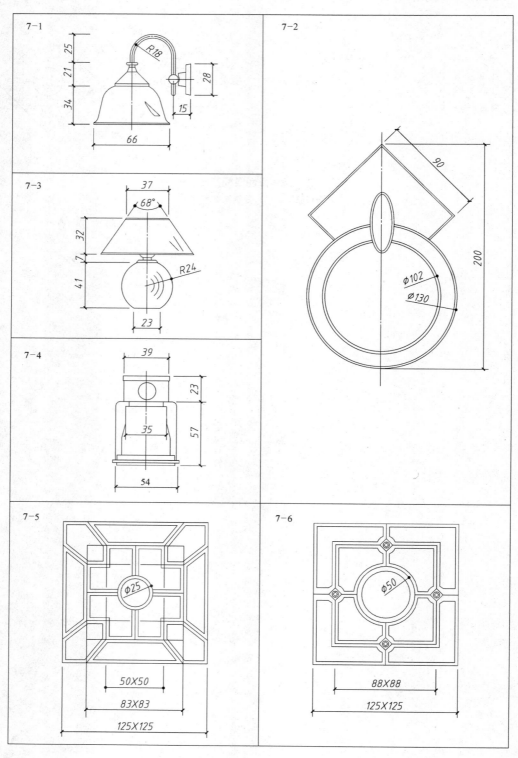

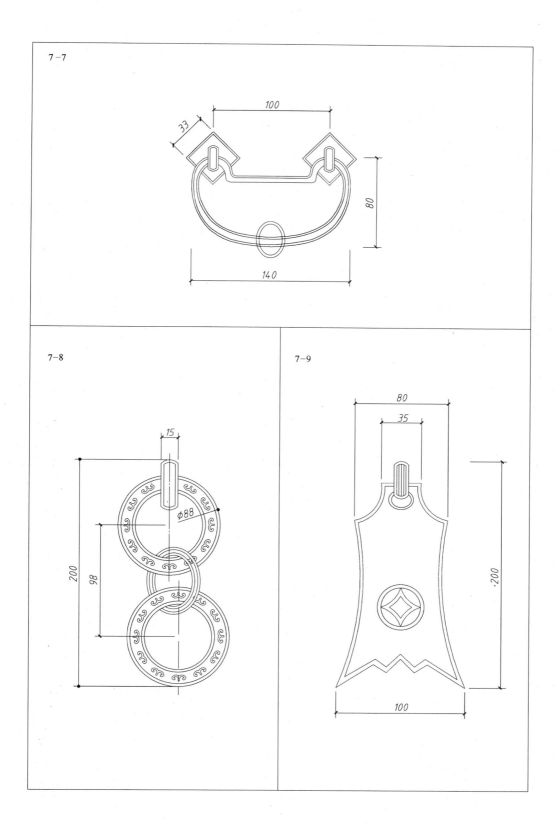

7-7

100

33

80

140

7-8

15

Φ88

200

98

7-9

80

35

·200·

100

# 第8章 尺寸标注命令

## 8.1 尺寸标注概述

**1. 尺寸标注常用类型**

常用的尺寸标注有：线性标注、对齐标注、直径标注、半径标注、连续标注、基线标注、角度标注、弧长标注、圆心标注（图 8-1）。

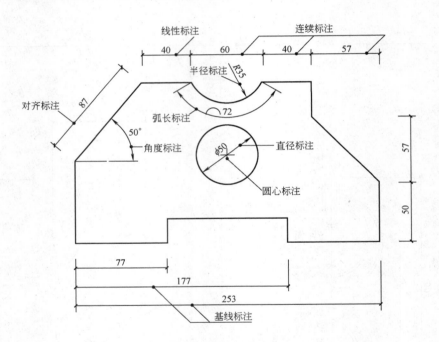

图 8-1 尺寸标注类型

**2. 尺寸标注各部分名称**（图 8-2）

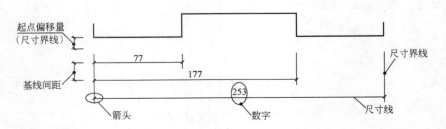

图 8-2 尺寸标注各部分名称

148

# 8.2 标 注 样 式

创建或修改标注样式（表 8-1）。

表 8-1

| 命令 | dimstyle | 快捷键 | D |
|------|----------|--------|---|
| 图标 | 标注工具栏 | | |
| 菜单 | 标注→标注样式 | | |

命令：dimstyle　打开"标注样式管理器"对话框（图 8-3）

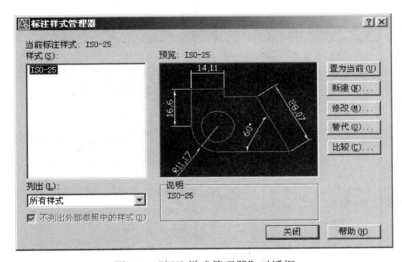

图 8-3　"标注样式管理器"对话框

## 1. "标注样式管理器"窗口说明

♥ 当前标注样式：显示当前标注样式的名称。

♥ 样式：列出图形中的标注样式。

♥ 列出：在"样式"列表中控制样式显示。

♥ 预览：显示"样式"列表中选定样式的图示。

♥ 置为当前：将在"样式"下选定的标注样式设置为当前标注样式。

♥ 新建：建立新样式，打开"创建新标注样式"对话框。

♥ 修改：修改标注样式，打开"修改标注样式"对话框。

♥ 替代：设置临时替代，打开"替代当前样式"对话框，"修改或替代标注样

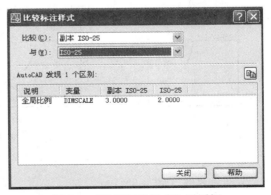

图 8-4　"比较标注样式"对话框

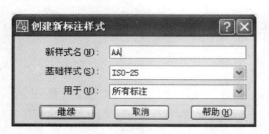

图 8-5 "创建新标注样式"对话框

式"对话框与"新建标注样式"对话框内容相同。

♥ 比较:打开"比较标注样式"对话框（图 8-4），从中可以比较两个标注样式或列出一个标注样式的所有特性。

**2. 创建新标注样式**

♥ "创建新标注样式"对话框。

选择"新建"打开"创建新标注样式"对话框（图 8-5），填写新样式、选择基础样式和适用标注范围，单击"继续"打开"新建标注样式"对话框。

♥ "直线"选项卡（图 8-6）。

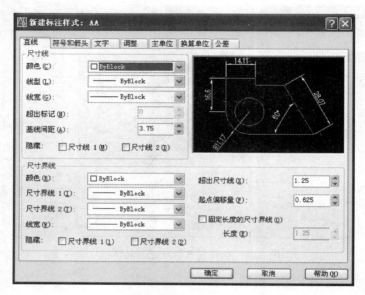

图 8-6 "直线"选项卡

① 尺寸线（图 8-7）。

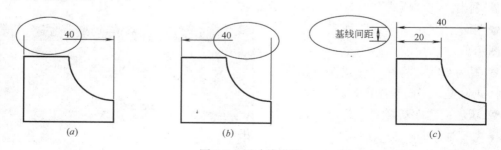

图 8-7 尺寸线设置
(a) 隐藏尺寸线 1；(b) 隐藏尺寸线 2；(c) 间距调整

② 尺寸界线（图 8-8）。

③ 尺寸线与尺寸界线的颜色、线型、线宽可自行设置调整。

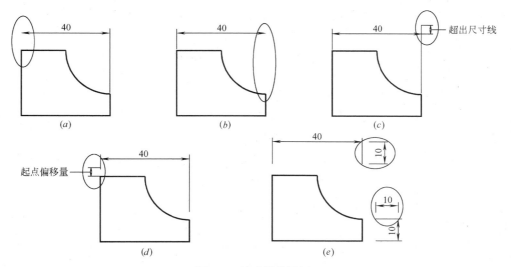

图 8-8 尺寸界线设置

(a) 隐蔽尺寸界线 1；(b) 隐蔽尺寸界线 2；(c) 超出尺寸线；(d) 起点偏移量；(e) 固定尺寸界线长度＝10

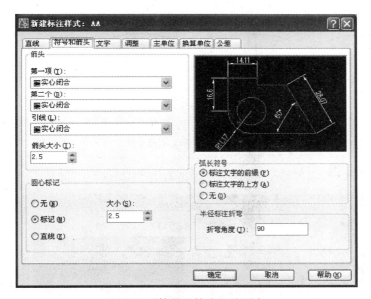

图 8-9 "符号和箭头"选项卡

♥ **"符号和箭头"选项卡**（图 8-9）。

① 箭头：点击"箭头"按钮可选择箭头种类（图 8-10）。

② 圆心标记（图 8-11）。

③ 弧长符号（图 8-12）。

④ 半径标注折弯（图 8-13）。

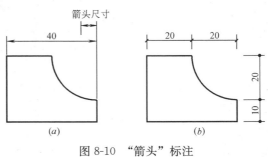

图 8-10 "箭头"标注

(a) 实心闭合；(b) 建筑标注和点

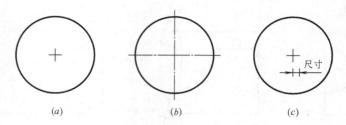

图 8-11 "圆心"标记标注
(a) 记号;(b) 直线 (c) 尺寸

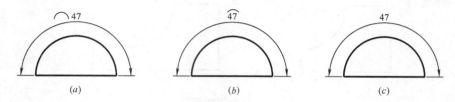

图 8-12 "弧长"符号标注
(a) 标注在文字前;(b) 标注在文字上;(c) 无

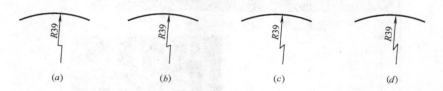

图 8-13 "半径标注折弯"标注
(a) 折弯角度=90°;(b) 折弯角度=60°;(c) 折弯角度=45°;(d) 折弯角度=30°

♥ "文字"选项卡(图 8-14)。

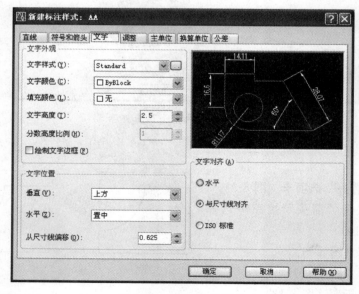

图 8-14 "文字"选项卡

① 文字样式：选用由 STYLE 所定义的文字样式种类，单击□出现文字样式设置对话框。

② 文字颜色：设置标注文字的颜色。

③ 填充颜色：设置标注文字的填充颜色（图 8-15a）。

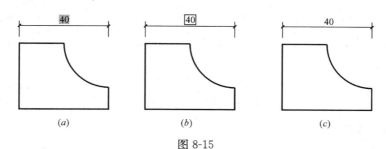

图 8-15

（a）颜色填充；（b）文字加框；（c）文字高度

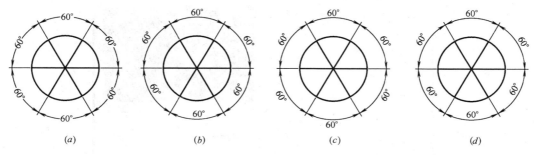

图 8-16　垂直位置

（a）置中；（b）上方；（c）外部；（d）JIS

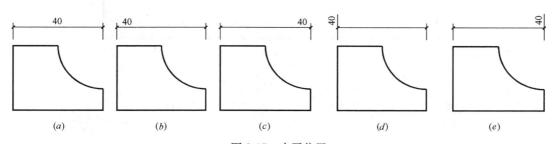

图 8-17　水平位置

（a）置中；（b）第一条尺寸界线；（c）第二条尺寸界线；（d）第一条尺寸界线上方；（e）第二条尺寸界线上方

④ 绘制文字边框：标注文字产生文字边框（图 8-15b）。

⑤ 文字高度：设置标注文字的高度（图 8-15c）。

⑥ 文字位置：设置标注数字位置（图 8-16，图 8-17）。

⑦ 从尺寸线偏移：文字标注和尺寸线间的距离（图 8-18）。

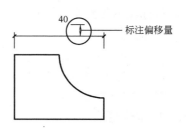

图 8-18　文字从尺寸线偏移量

⑧ 文字对齐：文字水平或垂直的对齐模式（图 8-19）。

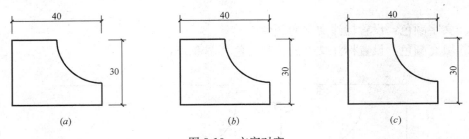

图 8-19　文字对齐

（*a*）水平；（*b*）与尺寸线对齐；（*c*）ISO 标准

♥ "调整"选项卡（图 8-20）。

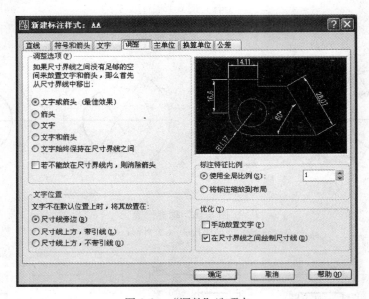

图 8-20　"调整"选项卡

① 调整选项：当标注空间较小时文字与箭头的位置。

② 文字位置：当文字无法写于尺寸线内时，相关位置设置。

③ 标注特征比例

使用全局比例：为所有在"新建标注样式"内设置的尺寸的调整系数，所有相关尺寸乘上该数值为最终尺寸。

将标注缩放到布局：根据当前模型空间视口和图纸空间之间的比例确定比例因子。

④ 优化

手动放置文字：忽略所有水平对正设置并把文字放在"尺寸线位置"提示下指定的位置。

在尺寸界线之间绘制尺寸线：即使箭头放在测量点之外，也在测量点之间绘制尺寸线。

♥ "主单位"选项卡（图 8-21）

① 单位格式（表 8-2）。

② 精度：选择尺寸保留小数点后几位。

| 单　　位 | 显　示　效　果 | 单　　位 | 显　示　效　果 |
|---|---|---|---|
| 科学 | 0.0000E＋01 | 建筑 | 0'-1⁄16" |
| 小数 | 0.0000 | 分数 | 0 1⁄16 |
| 工程 | 0'-0.0000" |  |  |

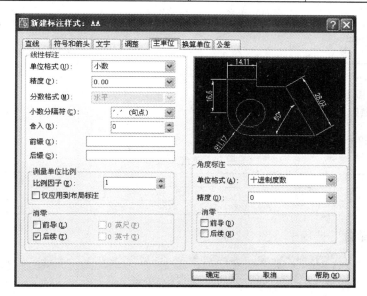

图 8-21 "主单位"选项卡

③ 分数格式：选择分数标注形式（图 8-22）。

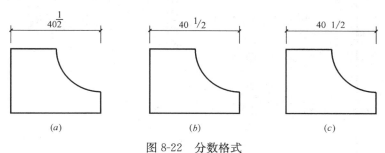

图 8-22 分数格式

（a）水平；（b）对角；（c）非堆叠

④ 前缀与后缀：设定加入的前缀或后缀（图 8-23）。

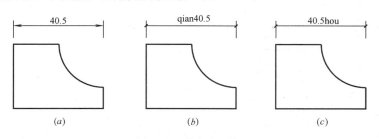

图 8-23 前缀与后缀

（a）不加入；（b）加入前缀；（c）加入后缀

⑤ 比例因子：设置标注尺寸的倍数（图 8-24）。

⑥ 消零：将尺寸数前导与后续无效的零隐藏（图 8-25）。

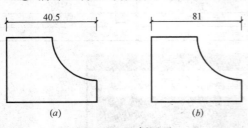

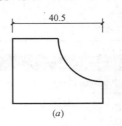

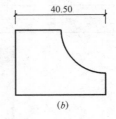

图 8-24　比例因子

（a）比例因子＝1；（b）比例因子＝2

图 8-25　消零

（a）消零；（b）不消零

⑦ 角度单位（表 8-3）。

角度单位 表 8-3

| 单　　位 | 显 示 效 果 | 单　　位 | 显 示 效 果 |
|---|---|---|---|
| 十进制度数 | 0.0000 | 百分度 | 0.0000g |
| 度/分/秒 | 0d00′00″ | 弧度 | 0.0000r |

♥ "换算单位"选项卡（图 8-26）。

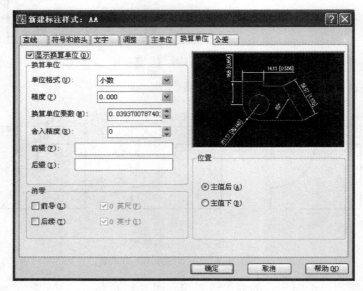

图 8-26　"换算单位"选项卡

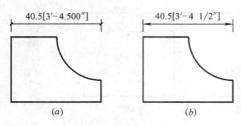

图 8-27　换算单位

（a）工程；（b）建筑

① 显示换算单位：打开或关闭换算单位显示效果。

② 换算单位：除了主要单位外，加注一组换算单位（图 8-27）。

③ 前缀：在标注文字前加入指定文字。

④ 后缀：在标注文字后加入指定文字。

⑤ 消零：隐藏换算单位前导或后续无效的零值。

# 8.3 线性标注

标注水平或垂直方向的尺寸（表8-4）。

表8-4

| 命令 | dimlinear | 快捷键 | DL |
|---|---|---|---|
| 图标 | 标注工具栏 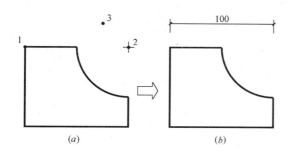 | | |
| 菜单 | 标注→线性 | | |

**使用说明**（图8-28）：

命令：dimlinear

指定第一条尺寸界线原点或＜选择对象＞：　　　　　　　　　　　　选择1点

指定第二条尺寸界线原点：　　　　　　　　　　　　　　　　　　选择2点

指定尺寸线位置或：

［多行文字（M）/文字（T）/角度（A）/水平（H）/垂直（V）/旋转（R）］：选择3点

标注文字＝100

图8-28　尺寸标注

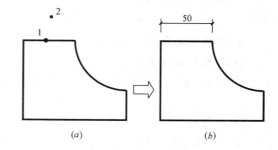

图8-29　"选择对象"标注

**选项说明**

♥ ＜**选择对象**＞（图8-29）：

指定第一条尺寸界线原点或＜选择对象＞：　　　　　　　　　　　　【Enter】

选择标注对象：　　　　　　　　　　　　　　　　　　　　　　　选择1点

指定尺寸线位置或

［多行文字（M）/文字（T）/角度（A）/水平（H）/垂直（V）/旋转（R）］：　选择2点

标注文字＝50

♥ **多行文字（M）**（图8-30）：

［多行文字（M）/文字（T）/角度（A）/水平（H）/垂直（V）/旋转（R）］：m　　输入选项m

**弹出"多行文本编辑器"，输入 2X50＝100，然后选择确定。**

指定尺寸线位置或

［多行文字（M）/文字（T）/角度（A）/水平（H）/垂直（V）/旋转（R）］：选择3点

标注文字＝100

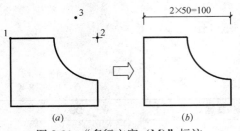

图 8-30 "多行文字（M）"标注

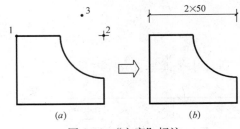

图 8-31 "文字"标注

♥ **文字（T）**（图 8-31）：

［多行文字（M）/文字（T）/角度（A）/水平（H）/垂直（V）/旋转（R）］：T

　　　　　　　　　　　　　　　　　　　　　　　　　　　　　　　　　　　　输入选项 t

输入标注文字＜100＞：2×50　　　　　　　　　　　　　　　　　　　输入 2×50

指定尺寸线位置或

［多行文字（M）/文字（T）/角度（A）/水平（H）/垂直（V）/旋转（R）］：

　　　　　　　　　　　　　　　　　　　　　　　　　　　　　　　　　　　　选择 3 点

标注文字＝100

♥ **角度（A）**（图 8-32）：设置标注文字的角度。

［多行文字（M）/文字（T）/角度（A）/水平（H）/垂直（V）/旋转（R）］：A

　　　　　　　　　　　　　　　　　　　　　　　　　　　　　　　　　　　　输入选项 A

指定标注文字的角度：45　　　　　　　　　　　　　　　　　　　　输入角度值 45

指定尺寸线位置或

［多行文字（M）/文字（T）/角度（A）/水平（H）/垂直（V）/旋转（R）］：

　　　　　　　　　　　　　　　　　　　　　　　　　　　　　　　　　　　　选择 3 点

标注文字＝100

♥ **水平（H）**：标注水平方向尺寸。

♥ **垂直（V）**：标注垂直方向尺寸。

♥ **旋转（R）**]：尺寸标注旋转后的尺寸（图 8-33）。

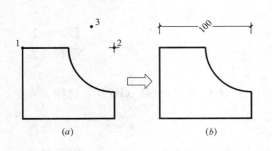

图 8-32 "角度"标注

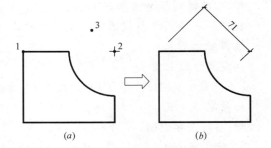

图 8-33 "旋转"标注

［多行文字（M）/文字（T）/角度（A）/水平（H）/垂直（V）/旋转（R）］：r

　　　　　　　　　　　　　　　　　　　　　　　　　　　　　　　　　　　　输入选项 r

指定尺寸线的角度＜0＞：45　　　　　　　　　　　　　　　　　　　输入角度值 45

指定尺寸线位置或

［多行文字（M）/文字（T）/角度（A）/水平（H）/垂直（V）/旋转（R）］：

选择 3 点

标注文字＝71

## 8.4　对　齐　标　注

标注斜线的尺寸（表 8-5）。

表 8-5

| 命令 | dimaligned | | 快捷键 | DAL |
|---|---|---|---|---|
| 图标 | 标注工具栏 | | | |
| 菜单 | 标注→对齐 | | | |

**使用说明**（图 8-34）：

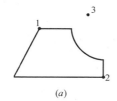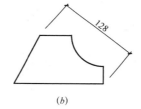

（a）　　　　　　　　　（b）

图 8-34　对齐标注

命令：dimaligned
指定第一条尺寸界线原点或＜选择对象＞： 选择 1 点
指定第二条尺寸界线原点： 选择 2 点
指定尺寸线位置或
［多行文字（M）/文字（T）/角度（A）］： 选择 3 点
标注文字＝128
**选项说明**
♥ ＜选择对象＞（图 8-35）：

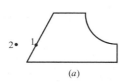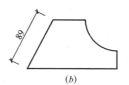

（a）　　　　　　　　　　（b）

图 8-35　"选择对象"标注

指定第一条尺寸界线原点或＜选择对象＞： 【Enter】
选择标注对象： 选择 1 点
指定尺寸线位置或

［多行文字（M）/文字（T）/角度（A）］：　　　　　　　　　选择 2 点

标注文字＝89

♥ **多行文字（M）**（图 8-36）：

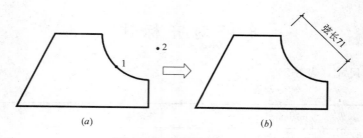

图 8-36 "多行文字"标注

指定第一条尺寸界线原点或＜选择对象＞：　　　　　　　　【Enter】

选择标注对象：　　　　　　　　　　　　　　　　　　　　选择 1 点

指定尺寸线位置或

［多行文字（M）/文字（T）/角度（A）］：m　　　　　输入选项 m

弹出"多行文本编辑器"，输入"弦长＝71"，然后选择确定。

指定尺寸线位置或

［多行文字（M）/文字（T）/角度（A）］：　　　　　　　　选择 2 点

标注文字＝71

♥ **文字（T）**（图 8-37）：

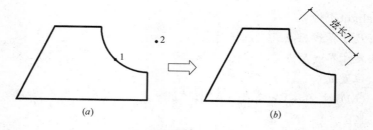

图 8-37 "文字"标注

指定第一条尺寸界线原点或＜选择对象＞：　　　　　　　　【Enter】

选择标注对象：　　　　　　　　　　　　　　　　　　　　选择 1 点

指定尺寸线位置或

［多行文字（M）/文字（T）/角度（A）］：t　　　　　　输入选项 t

输入标注文字＜71＞：弦长 71　　　　　　　　　输入"弦长 71"

指定尺寸线位置或

［多行文字（M）/文字（T）/角度（A）］：　　　　　　　　选择 2 点

标注文字＝71

♥ **角度（A）**（图 8-38）：设置标注文字的角度。

160

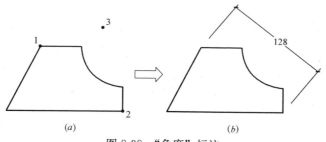

图 8-38  "角度"标注

| | |
|---|---|
| ［多行文字（M）/文字（T）/角度（A）］：a | 输入选项 t |
| 指定标注文字的角度：30 | 输入角度值 30 |
| 指定尺寸线位置或 | |
| ［多行文字（M）/文字（T）/角度（A）］： | 选择 3 点 |
| 标注文字＝128 | |

## 8.5  直 径 标 注

标注圆或圆弧的直径尺寸（表 8-6）。

表 8-6

| 命令 | dimdiameter | 快捷键 | DDI |
|---|---|---|---|
| 图标 | 标注工具栏 ⟳ | | |
| 菜单 | 标注→直径 | | |

**使用说明**（图 8-39）

| | |
|---|---|
| 命令：dimdiameter | |
| 选择圆弧或圆： | 选择 1 点 |
| 标注文字＝50 | |
| 指定尺寸线位置或［多行文字（M）/文字（T）/角度（A）］： | 选择 2 点 |

**提示**：当尺寸变量 dimfit 设为 0 时，尺寸线会标注在圆内（图 8-40）。

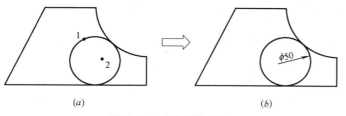

图 8-39  "直线"标注

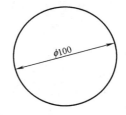

图 8-40  尺寸变量 dimfit＝0

**选项说明**

♥ **多行文字（M）**：切换到"多行文字"在"多行文本编辑器"中编辑标注文字内容。

♥ **文字（T）**：切换到"单行文字"编辑标注文字内容。

♥ **角度（A）**：设置标注文本的角度。

## 8.6　半　径　标　注

标注圆或圆弧的半径尺寸（表 8-7）。

表 8-7

| 命令 | dimradius | | 快捷键 | DRA |
| --- | --- | --- | --- | --- |
| 图标 | 标注工具栏 | | | |
| 菜单 | 标注→半径 | | | |

**使用说明**（图 8-41）

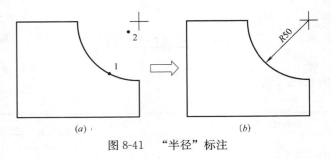

图 8-41　"半径"标注

命令行：dimradius

选择圆弧或圆：　　　　　　　　　　　　　　　　　　　　　　　　　选择 1 点

标注文字＝50

指定尺寸线位置或［多行文字（M）/文字（T）/角度（A）］：　　　　　选择 2 点

**选项说明**

♥ **多行文字（M）**：切换到"多行文字"在"多行文本编辑器"中编辑标注文字内容。

♥ **文字（T）**：切换到"单行文字"编辑标注文字内容。

♥ **角度（A）**：设置标注文本的角度。

## 8.7　折　弯　标　注

标注大圆弧的折弯半径（表 8-8）。

表 8-8

| 命令 | dimjogged | | 快捷键 | DJO |
| --- | --- | --- | --- | --- |
| 图标 | 标注工具栏 | | | |
| 菜单 | 标注→折弯 | | | |

**使用说明**（图 8-42）

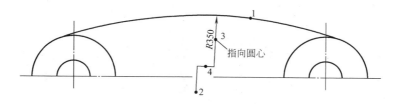

图 8-42　大圆弧折弯半径标注

命令：dimjogged

选择圆弧或圆： 选择 1 点

指定中心位置替代： 选择 2 点

标注文字＝500

指定尺寸线位置或［多行文字（M）/文字（T）/角度（A）］： 选择 3 点

指定折弯位置： 选择 4 点

# 8.8　角 度 标 注

标注圆弧或两直线的角度值（表 8-9）。

表 8-9

| 命令 | dimangular | 快捷键 | DAN |
| --- | --- | --- | --- |
| 图标 | 标注工具栏 ⚞ | | |
| 菜单 | 标注→角度 | | |

**使用说明**（图 8-43）

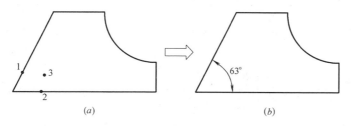

(a) (b)

图 8-43　"角度"标注

命令：dimangular

选择圆弧、圆、直线或＜指定顶点＞： 选择 1 点

选择第二条直线： 选择 2 点

指定标注弧线位置或［多行文字（M）/文字（T）/角度（A）］： 选择 3 点

标注文字＝63

**选项说明**

♥ ＜指定顶点＞（图 8-44）：

163

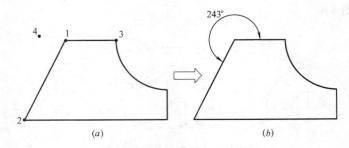

图 8-44 "指定顶点"标注

选择圆弧、圆、直线或<指定顶点>:　　　　　　　　　　　　【Enter】
指定角的顶点:　　　　　　　　　　　　　　　　　　　　　选择 1 点
指定角的第一个端点:　　　　　　　　　　　　　　　　　　选择 2 点
指定角的第二个端点:　　　　　　　　　　　　　　　　　　选择 3 点
指定标注弧线位置或［多行文字（M）/文字（T）/角度（A）］:　选择 4 点
标注文字＝243

♥ **圆弧**（图 8-45）:

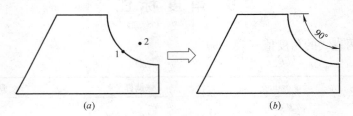

图 8-45 "圆弧"标注

选择圆弧、圆、直线或<指定顶点>:　　　　　　　　　　　选择 1 点
指定标注弧线位置或［多行文字（M）/文字（T）/角度（A）］:　选择 2 点
标注文字＝90

♥ **多行文字（M）**: 切换到"多行文字"在"多行文本编辑器"中编辑标注文字内容。

♥ **文字（T）**: 切换到"单行文字"编辑标注文字内容。

♥ **角度（A）**: 设置标注文本的角度。

# 8.9　弧 长 标 注

标注弧线段的弧长尺寸（表 8-10）。

表 8-10

| 命令 | dimarc | 快捷键 | DAR |
|---|---|---|---|
| 图标 | 标注工具栏 ⌒ | | |
| 菜单 | 标注→弧长 | | |

**使用说明**（图 8-46）

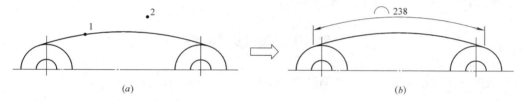

图 8-46 "弧长"标注

命令行：dimarc

选择弧线段或多段线弧线段： 选择 1 点

指定弧长标注位置或［多行文字（M）/文字（T）/角度（A）/部分（P）/］：选择 2 点

标注文字＝238

**选项说明**

♥ **部分（P）**（图 8-47）：

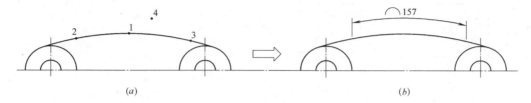

图 8-47 "部分"弧长标注

指定弧长标注位置或［多行文字（M）/文字（T）/角度（A）/部分（P）/］：P

指定圆弧长度标注的第一个点： 选择 2 点

指定圆弧长度标注的第二个点： 选择 3 点

指定弧长标注位置或［多行文字（M）/文字（T）/角度（A）/部分（P）/］：选择 4 点

标注文字＝157

♥ **引线（L）**（图 8-48）：适用大于 90°的圆弧，引线指向圆心。

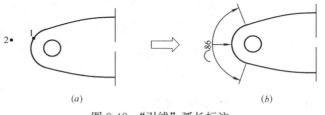

图 8-48 "引线"弧长标注

指定弧长标注位置或［多行文字（M）/文字（T）/角度（A）/部分（P）/引线（L）］：L

指定弧长标注位置或［多行文字（M）/文字（T）/角度（A）/部分（P）/无引线（N）］：

选择 2 点

标注文字＝86

♥ **多行文字（M）**：切换到"多行文字"在"多行文本编辑器"中编辑标注文字内容。

♥ **文字（T）**：切换到"单行文字"编辑标注文字内容。

♥ **角度（A）**：设置标注文本的角度。

# 8.10 基线标注

标注一系列由相同标注原点测量出来的尺寸（表8-11）。

| 命令 | dimbaseline | 快捷键 | DBA |
|---|---|---|---|
| 图标 | 标注工具栏 | | |
| 菜单 | 标注→基线 | | |

**使用说明**

♥ **先创建一个线性或对齐或坐标或角度标注作为基准，在执行基线标注**（图 8-49～图 8-50）。

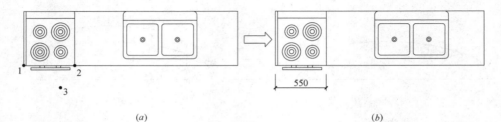

(a)　　　　　　　　　　　　　　(b)

图 8-49　线性标注

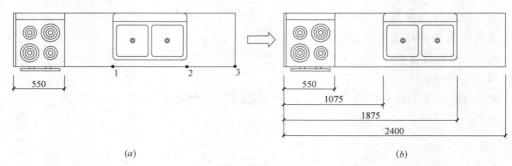

(a)　　　　　　　　　　　　　　(b)

图 8-50　基线标注

命令：dimlinear

指定第一条尺寸界线原点或＜选择对象＞：　　　　　　　　　　　选择1点

指定第二条尺寸界线原点：　　　　　　　　　　　　　　　　　　选择2点

指定尺寸线位置或：

［多行文字（M）/文字（T）/角度（A）/水平（H）/垂直（V）/旋转（R）］：选择3点

标注文字＝550

命令：dimbaseline

指定第二条尺寸界线原点或［放弃（U）/选择（S）］＜选择＞：　　选择1点

标注文字＝1075

指定第二条尺寸界线原点或［放弃（U)/选择（S)］＜选择＞：　　　　选择 2 点

标注文字＝1875

指定第二条尺寸界线原点或［放弃（U)/选择（S)］＜选择＞：　　　　选择 3 点

标注文字＝2400

指定第二条尺寸界线原点或［放弃（U)/选择（S)］＜选择＞：　　　　【Enter】

选择基准标注：　　　　　　　　　　　　　　　　　　　　　　　　　【Enter】

♥ **指定尺寸基准边标注**（图 8-51)

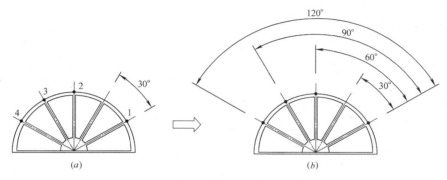

图 8-51　指定尺寸基准边的基线标注

命令：dimbaseline

指定第二条尺寸界线原点或［放弃（U)/选择（S)］＜选择＞：　　　　【Enter】

选择基准标注：　　　　　　　　　　　　　　　　　　　　　　　　　选择 1 点

指定第二条尺寸界线原点或［放弃（U)/选择（S)］＜选择＞：　　　　选择 2 点

标注文字＝60

指定第二条尺寸界线原点或［放弃（U)/选择（S)］＜选择＞：　　　　选择 3 点

标注文字＝90

指定第二条尺寸界线原点或［放弃（U)/选择（S)］＜选择＞：　　　　选择 4 点

标注文字＝120

指定第二条尺寸界线原点或［放弃（U)/选择（S)］＜选择＞：　　　　【Enter】

选择基准标注：　　　　　　　　　　　　　　　　　　　　　　　　　【Enter】

## 8.11　连续标注

创建一系列端点对端点放置的标注，即连续标注的每次标注都以前一次标注的第二个尺寸界线为标注的起始（表 8-12)。

表 8-12

| 命令 | dimcontinue | 快捷键 | DCO |
|---|---|---|---|
| 图标 | 标注工具栏 | | |
| 菜单 | 标注→连续 | | |

**使用说明**

♥ 先创建一个线性或对齐或坐标或角度标注作为基准，再执行连续标注（图 8-52～图 8-53）。

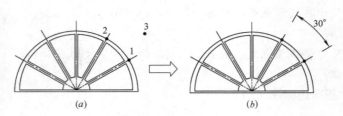

图 8-52　角度标注

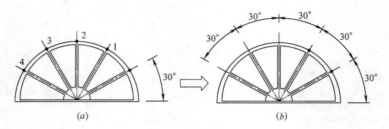

图 8-53　连续标注

命令：dimangular

| | |
|---|---|
| 选择圆弧、圆、直线或＜指定顶点＞： | 选择 1 点 |
| 选择第二条直线： | 选择 2 点 |
| 指定标注弧线位置或［多行文字（M）/文字（T）/角度（A）］： | 选择 3 点 |

标注文字＝30

命令：dimcontinue

| | |
|---|---|
| 指定第二条尺寸界线原点或［放弃（U）/选择（S）］＜选择＞： | 选择 1 点 |

标注文字＝30

| | |
|---|---|
| 指定第二条尺寸界线原点或［放弃（U）/选择（S）］＜选择＞： | 选择 2 点 |

标注文字＝30

| | |
|---|---|
| 指定第二条尺寸界线原点或［放弃（U）/选择（S）］＜选择＞： | 选择 3 点 |

标注文字＝30

| | |
|---|---|
| 指定第二条尺寸界线原点或［放弃（U）/选择（S）］＜选择＞： | 选择 4 点 |

标注文字＝30

| | |
|---|---|
| 指定第二条尺寸界线原点或［放弃（U）/选择（S）］＜选择＞： | 【Enter】 |
| 选择连续标注： | 【Enter】 |

♥ 指定尺寸基准边标注（图 8-54）。

命令：dimcontinue

| | |
|---|---|
| 指定第二条尺寸界线原点或［放弃（U）/选择（S）］＜选择＞： | 【Enter】 |
| 选择连续标注： | 选择 1 点 |
| 指定第二条尺寸界线原点或［放弃（U）/选择（S）］＜选择＞： | 选择 2 点 |

标注文字＝30

指定第二条尺寸界线原点或〔放弃（U）/选择（S）〕＜选择＞：　　　选择3点

标注文字＝30

指定第二条尺寸界线原点或〔放弃（U）/选择（S）〕＜选择＞：　　　选择4点

标注文字＝30

指定第二条尺寸界线原点或〔放弃（U）/选择（S）〕＜选择＞：　　　【Enter】

选择连续标注：　　　　　　　　　　　　　　　　　　　　　　　　　【Enter】

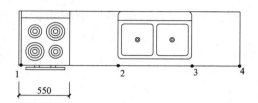 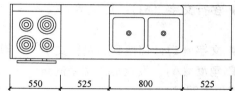

图 8-54　指定尺寸基边的连续标注

## 8.12　圆 心 标 注

绘制十字标记表示圆或圆弧的圆心（表 8-13）。

表 8-13

| 命令 | dimcenter | 快捷键 | DCE |
|---|---|---|---|
| 图标 | 标注工具栏 ⊕ | | |
| 菜单 | 标注→圆心标记 | | |

**使用说明**（图 8-55）

命令：dimcenter

选择圆弧或圆：　　　　　　　选择圆弧或圆

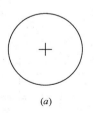 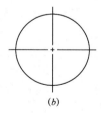 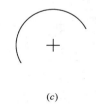

(a)　　　　　　　　　(b)　　　　　　　　　(c)

图 8-55　圆心标注

(a) 圆心标记为"标记"；(b) 圆心标记为"直线"；(c) 圆弧圆心标记

## 8.13　坐 标 标 注

使用当前 UCS 的原点，标注指定点的 $X$ 或 $Y$ 坐标。

表 8-14

| 命令 | dimordinate | 快捷键 | DOR |
|---|---|---|---|
| 图标 | 标注工具栏 | | |
| 菜单 | 标注→坐标 | | |

**选项说明**

♥ **X 基准（X）**：$X$ 方向坐标标注。

♥ **Y 基准（Y）**：$Y$ 方向坐标标注。

♥ **多行文字（M）**：切换到"多行文字"在"多行文本编辑器"中编辑标注文字内容。

♥ **文字（T）**：切换到"单行文字"编辑标注文字内容。

♥ **角度（A）**：设置标注文字的角度。

**使用说明**

♥ **先执行 UCS 命令，设置新的坐标原点**［图 8-56（a）］**。**

命令：ucs

当前 UCS 名称：＊世界＊

输入选项

［新建（N）/移动（M）/正交（G）/上一个（P）/恢复（R）/保存（S）/删除（D）/应用（A）/？/世界（W）]＜世界＞：m　　　　　　　　　　　输入选项 m

指定新原点线［Z 向深度（Z）]＜0，0，0＞：　　　　　　　　选择 1 点

♥ **标注坐标尺寸**［图 8-56（b）]

命令：dimordinate

指定点坐标：　　　　　　　　　　　　　　　　　　　选择点

指定引线端点或［X 基准（X）/Y 基准（Y）/多行文字（M）/文字（T）/角度（A）]：……

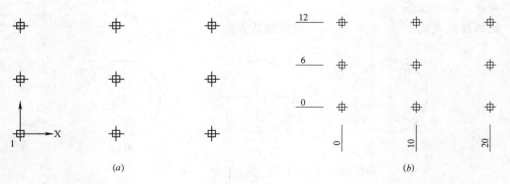

(a)　　　　　　　　　　　　　　　　　　　　(b)

图 8-56　坐标标注

（a）设坐标原点为"1"点；（b）标注各点坐标

♥ **标注完后，再执行 UCS 命令恢复世界坐标。**

命令：ucs

当前 UCS 名称：＊没有名称＊

输入选项

［新建（N）/移动（M）/正交（G）/上一个（P）/恢复（R）/保存（S）/删除（D）/应用（A）/?/世界（W）］＜世界＞：W选项　　　　　输入选项W或［Enter］

# 8.14　快　　速

快速标注系列尺寸（表8-15）。

表 8-15

| 命令 | qdim | 快捷键 | 无 |
|---|---|---|---|
| 图标 | 标注工具栏 | | |
| 菜单 | 标注→快速 | | |

**使用说明**（图8-57）

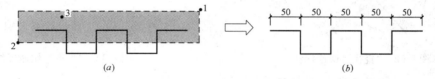

图 8-57　快速标注

（a）选择标注图形；（b）标注

命令：qdim

关联标注优先级＝端点

选择要标注的几何图形：指定对角点：找到5个

　　　　　　　　　　　　　　　　　　　选择1点和2点

选择要标注的几何图形：　　　　　　　　【Enter】

指定尺寸线位置或［连续（C）/并列（S）/基线（B）/坐标（O）/半径（R）/直径（D）/基准点（P）/编辑（E）/设置（T）］＜并列＞：c

　　　　　　　　　　　　　　　　　　　输入选项c

指定尺寸线位置或［连续（C）/并列（S）/基线（B）/坐标（O）/半径（R）/直径（D）/基准点（P）/编辑（E）/设置（T）］＜连续＞：

　　　　　　　　　　　　　　　　　　　选择3点

**选项说明**

♥ **连续**（图8-58）　　　　　　　　　♥ **并列**（图8-59）

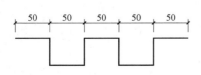

图 8-58　"连续"快速标注

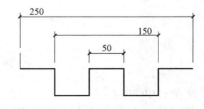

图 8-59　"并列"快速标注

♥ **基线**（图 8-60）

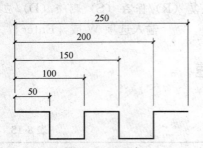

图 8-60 "基线"快速标注

♥ **坐标**（图 8-61）

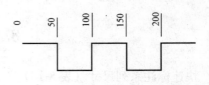

图 8-61 "坐标"快速标注

♥ **直径**（图 8-62）

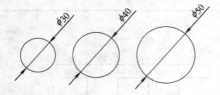

图 8-62 "直径"快速标注

♥ **半径**（图 8-63）

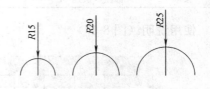

图 8-63 "半径"快速标注

♥ **基准点**：设置新的基准点。

♥ **编辑**：添加或删除标注点。

# 8.15 快 速 引 线

尺寸快速标注（表 8-16）。

表 8-16

| 命令 | qleader | 快捷键 | LE |
|------|---------|--------|-----|
| 图标 | 标注工具栏 | | |
| 菜单 | 标注→快速引线 | | |

**使用说明**（图 8-64）

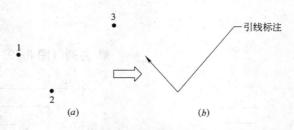

图 8-64 快速引线标注

命令：qleader

指定第一个引线点或 [设置（S）] <设置>：　　　　　　选择 1 点

172

| | |
|---|---|
| 指定下一点: | 选择 2 点 |
| 指定下一点: | 选择 3 点 |
| 指定文字宽度<0>: | 【Enter】 |
| 输入注释文字的第一行<多行文字（M）>：引线标注 | 输入文字后【Enter】 |

**选项<设置>**：打开"引线设置"对话框，对注释、引线和箭头、附着几项进行设置（图 8-65～图 8-67）。

图 8-65 "引线设置→注释"选项卡

图 8-66 "引线设置→引线和箭头"选项卡

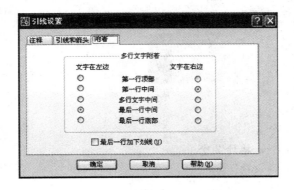

图 8-67 "引线设置→附着"选项卡

## 8.16 编 辑 标 注

编辑尺寸标注（表 8-17）。

表 8-17

| 命令 | dimedit | 快捷键 | DED |
|---|---|---|---|
| 图标 | 标注工具栏 | | |
| 菜单 | 标注→编辑标注 | | |

**使用说明** 在尺寸"50"和"120"前加上了直径符号 $\phi$（图 8-68）。

*173*

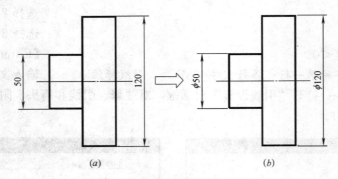

图 8-68　编辑标注

(a) 原图；(b) 编辑尺寸 $\phi50$ 和 $\phi120$

命令：dimedit

输入标注编辑类型 ［默认（H）/新建（N）/旋转（R）/倾斜（O）］＜默认＞：n　输入选项 n

打开"文字格式：对话框，"0"表示 AutoCAD 量取尺寸默认值，在"0"前加入%%c，单击"确定"（图 8-69）。

图 8-69

| | |
|---|---|
| 选择对象：找到 1 个 | 选择尺寸"50" |
| 选择对象：找到 1 个，总计 2 个 | 选择尺寸"120" |
| 选择对象： | 【Enter】 |

**选项说明**

♥ **默认（H）**：恢复到原来位置。

♥ **旋转（R）**：旋转标注文字（图 8-70）。

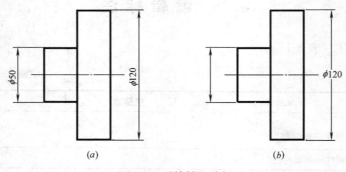

图 8-70　"旋转"编辑

(a) 原图；(b) 旋转 45°

输入标注编辑类型［默认（H）/新建（N）/旋转（R）/倾斜（O）］＜默认＞：r

　　　　　　　　　　　　　　　　　　　　　　　输入选项 r

指定标注文字的角度：45　　　　　　　　　　　　输入角度值 45

选择对象：找到 1 个，总计 2 个　　　　　　　　　选择尺寸"Φ50""Φ120"

选择对象：　　　　　　　　　　　　　　　　　　【Enter】

♥ **倾斜 (O)**：尺寸标注做倾斜效果（图 8-71）。

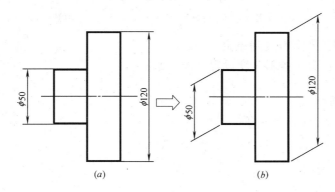

图 8-71　"倾斜"编辑

(*a*) 原图；(*b*) 倾斜 30°

输入标注编辑类型［默认（H）/新建（N）/旋转（R）/倾斜（O）］＜默认＞：o

　　　　　　　　　　　　　　　　　　　　　　　输入选项 o

选择对象：找到 1 个，总计 2 个　　　　　　　　　选择尺寸"Φ50""Φ120"

选择对象：　　　　　　　　　　　　　　　　　　【Enter】

输入倾斜角度（按 Enter 表示无）：30　　　　　　输入角度值 30

## 8.17　编辑标注文字

编辑尺寸标注文字的显示效果（表 8-18）。

表 8-18

| 命令 | dimtedit | 快捷键 | DIMTED |
| --- | --- | --- | --- |
| 图标 | 标注工具栏 H→H | | |
| 菜单 | 标注→编辑标注文字 | | |

**使用说明**（图 8-72）

命令：dimedit

选择标注：

指定标注文字的新位置或［左（L）/右（R）/中心（C）/默认（H）/角度（A）］：

**选项说明**

♥ **左 (L)/右 (R)/中心 (C)**：设置文字在尺寸线上位置［**图 8-72** (*a*)、(*b*)、(*c*)］。

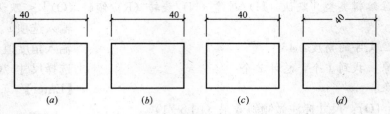

图 8-72 编辑标注文字

（a）左对齐；（b）右对齐；（c）中心对齐；（d）倾斜 45°

♥ **默认（H）**：文字恢复到原位

♥ **角度（A）**：文字倾斜角度设置（图 8-27d）。

# 上 机 练 习

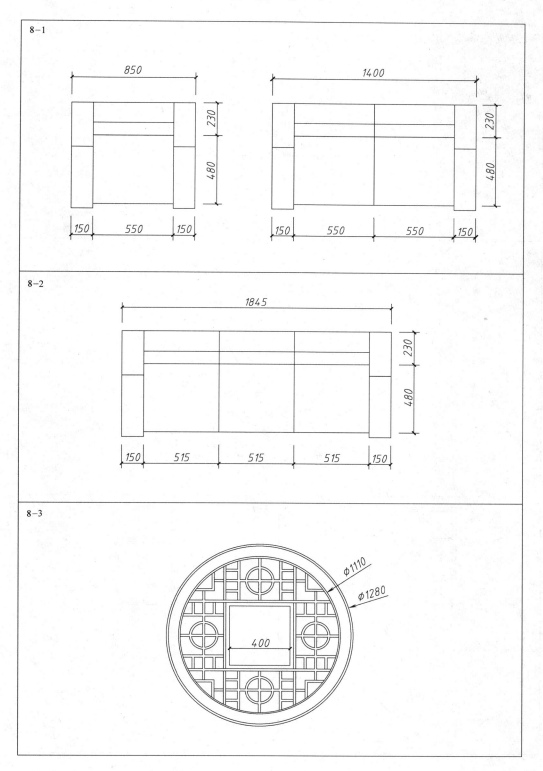

8-1

8-2

8-3

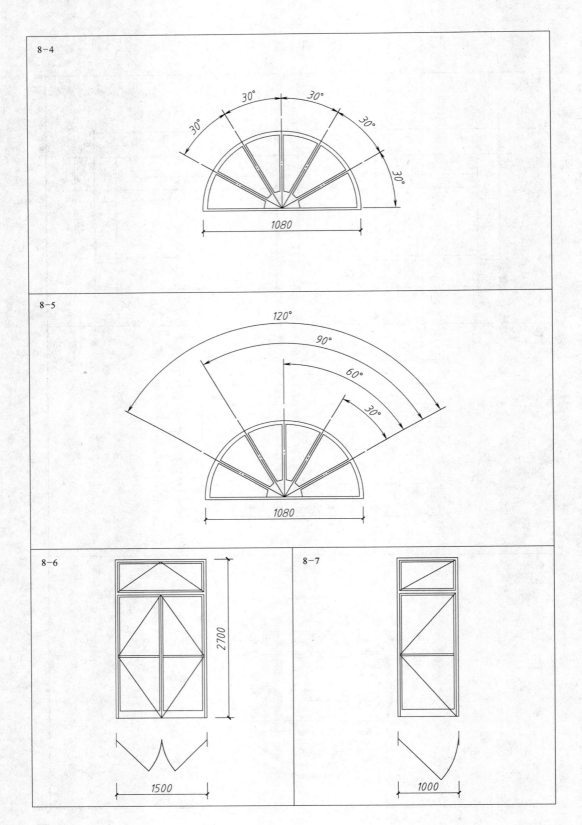

8-4

30° 30° 30° 30° 30° 30°

1080

8-5

120°

90°

60°

30°

1080

8-6

2700

1500

8-7

1000

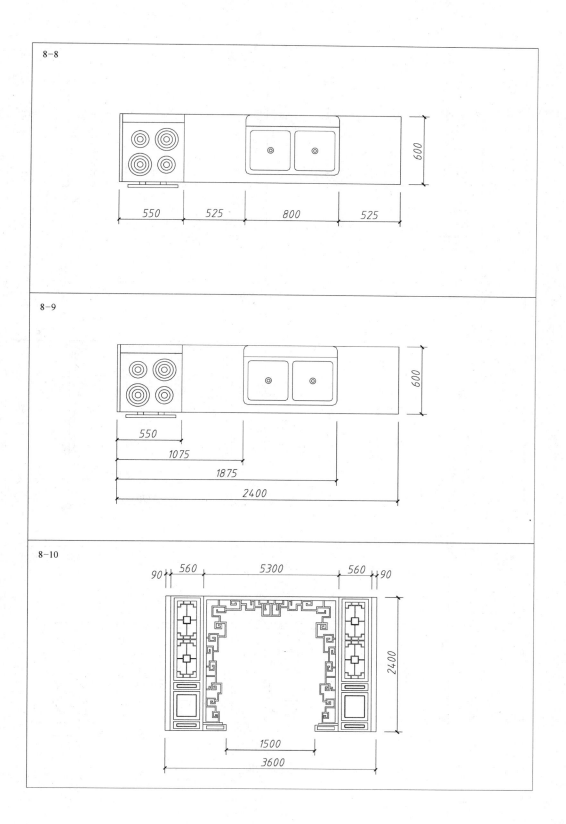

8-8

600

550　525　800　525

8-9

600

550
1075
1875
2400

8-10

90 560　5300　560 90

2400

1500
3600

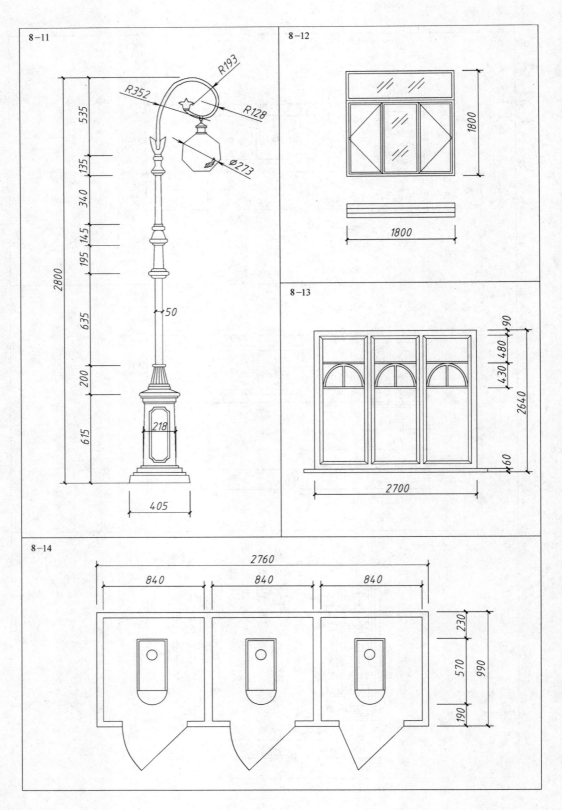

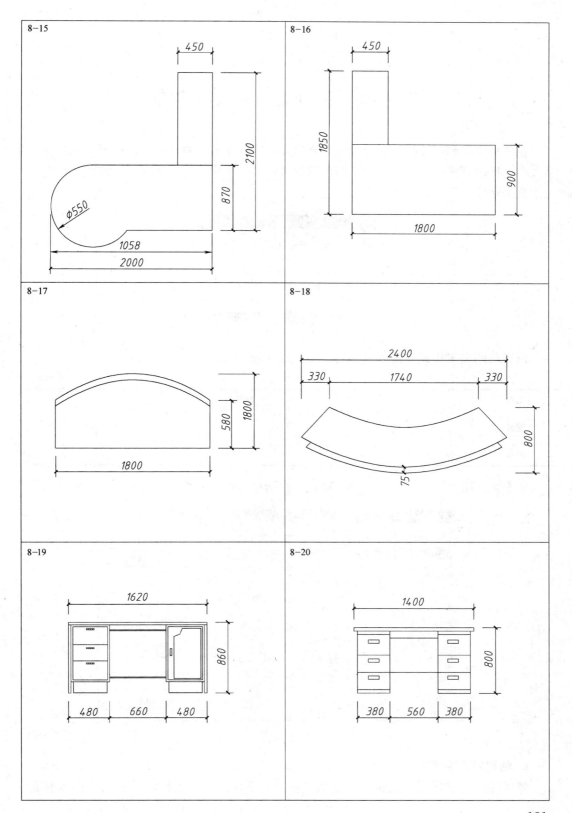

8-15

450

2100

870

⌀550

1058

2000

8-16

450

1850

900

1800

8-17

580

1800

1800

8-18

2400

330

1740

330

800

75

8-19

1620

860

480

660

480

8-20

1400

800

380

560

380

# 第9章　书写文字和表格命令

在注释文字和尺寸标注之前，首先要给文字字体定义一种样式，以确定字体文件、文字大小、排列方式和宽度等。一张图可以定义多种文字样式，以适应不同的需要。

文字标注命令工具条（图9-1）：

图9-1　"文字"工具栏

## 9.1　创建文字样式

设置新的文字样式和修改已有的文字样式（表9-1）。

表9-1

| 命令 | style | 快捷键 | ST |
|------|-------|--------|-----|
| 图标 | 文字工具栏 | | |
| 菜单 | 格式→文字样式 | | |

命令：style　　打开"文字样式"对话框（图9-2）

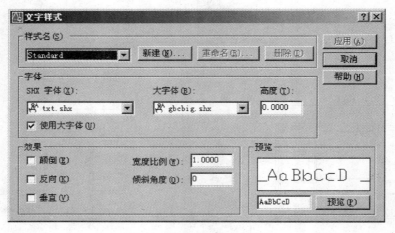

图9-2　"文字样式"对话框

**1. 创建新文字样式**

♥ **命名**：单击 新建(N)... 此按钮弹出"新建文字样式"对话框（图9-3），输入新文字

图 9-3

样式名（样式名可以是中文）。

**♥ 选择新字体**

在 AutoCAD 中包含了两种字体文件，即 Windows 系列应用软件所提供的字体文件 True type 字体和 AutoCAD 特有的字体文件（＊.shx）。TrueType 字体在 Windows 安装目录下的 Fonts 文件夹中，而 AutoCAD 字体文件保存在 AutoCAD 安装目录下的 Fonts 文件夹中。

**字体名：** 在其下拉列表中，包含了 windows 系统和 AutoCAD 中的字体文件。

**字体样式：** 指定字体格式，如粗体或常规字体。选择使用大字体☑**使用大字体(U)**后，该选项变为"大字体"，用于选择大字体文件。

**高度：** 根据输入的数值设置文字高度。（如果数值为 0.0，每次用该样式输入文字时，AutoCAD 都会提示输入文字高度）。

**♥ 设置效果**（图 9-3）

☑**颠倒(E)：** 倒置显示字符。

☑**反向(K)：** 反向显示字符。

☑**垂直(V)：** 垂直对齐显示字符，只有在选定字体支持双向时"垂直"才可用。

**宽度比例(W)：** `1.8`：设定文字的宽度系数。输入值如果大于 1.0 则文字宽度扩大；输入值如果小于 1.0 则压缩文字宽度。

**倾斜角度(O)：** `0`：设定文字的倾斜角度。输入值在−85 到 85 之间的一个值。设定文字的宽度系数。输入值如果大于 1.0 则文字宽度扩大；输入值如果小于 1.0 则压缩文字宽度。

计算机辅助绘图　　　图绘助辅机算计　　　计算机辅助绘图　　　计算机辅助绘图

　　　　　　　　　　　（反向）　　　　　　　（宽度1.8）

图绘助辅机算计　　　计算机辅助绘图　　　计算机辅助绘图　　　（垂直）

（颠倒）　　　　　（倾斜角度45°）　　　（宽度0.7）

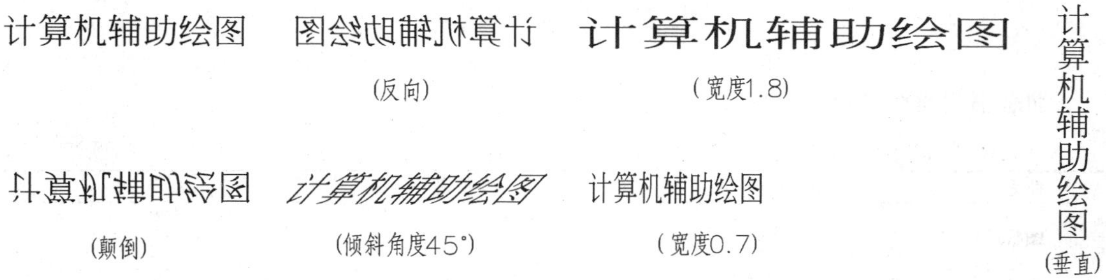

图 9-4　文字效果

**♥ 应用：** 完成后，单击"应用"按钮。

183

**2. 重命名、删除、修改**

♥ **切换要修改的文字样式名**：在"样式名"的下拉名中选取已设置好的样式名（图9-5）。

图 9-5　文字样式切换

♥ **文字样式重命名**：单击"重命名"按钮，弹出"重命名文字样式"对话框（图9-6），输入新文字样式名，再单击"确定"。

♥ **删除文字样式**：单击"删除"按钮，弹出"acad 警告"对话框，再单击"是"（图9-7）。

图 9-6　"重命名文字样式"对话框

图 9-7　"acad 警告"对话框

♥ **修改已存在的文字样式**：选取要修改的文字样式设置效果，再单击"应用"。

## 9.2　单 行 文 字

动态书写单行文字（表9-2）。

表 9-2

| 命令 | dtext 或 text | 快捷键 | DT |
| --- | --- | --- | --- |
| 图标 | 文字工具栏 A | | |
| 菜单 | 绘图→文字→单行文字 | | |

**命令**：dtext

当前文字样式：　Standard　当前文字高度：　2.5000

指定文字的起点或［对正（J）/样式（S）］：s          输入选项 S

输入样式名或［？］＜Standard＞：bt          输入新文字样式名

当前文字样式：  BT  当前文字高度：  2.5000

指定文字的起点或［对正（J）/样式（S）］：

指定高度＜2.5000＞：10          设定自高

指定文字的旋转角度＜0＞：          设置文字旋转角度

**1. 对正（J）：说明**

指定文字的起点或［对正（J）/样式（S）］：J          输入选项 J

［对齐（A）/调整（F）/中心（C）/中间（M）/右（R）/左上（TL）/中上（TC）/右上（TR）/左中（ML）/正中（MC）/右中（MR）/左下（BL）/中下（BC）/右下（BR）］：

各种文字的对正方式（图 9-8）。

图 9-8　文字正方

♥ **左（L)/右（R)**：文字向左对齐（默认）向右对齐（图 9-9）。

♥ **中心（C)**：文字向底线中心点对齐（图 9-9）。

♥ **中间（M)**：文字向中线中间点对齐（图 9-9）。

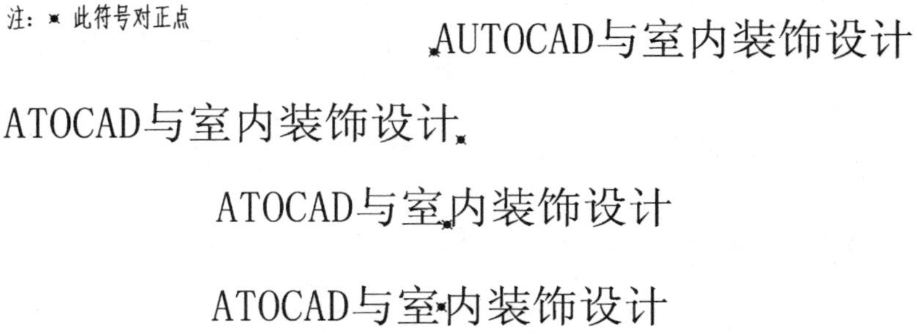

注：× 此符号对正点

×AUTOCAD与室内装饰设计

ATOCAD与室内装饰设计×

ATOCAD与室×内装饰设计

ATOCAD与室×内装饰设计

图 9-9　"左、右、底线中心、中线中间"对正

♥ **对齐（A)**：文字写于两点之间（如下图在 1、2 点之间），字高按比例维持不变（图 9-10）。

♥ **调整（F)**：文字写于两点之间（如下图在 1、2 点之间），字高一定，系统调整宽度系数以使文字适于放在两点之间（图 9-11）。

♥ **左上（TL)/中上（TC)/右上（TR)**：文字向顶线的左、中间、右点对齐（图 9-12）。

♥ **左中（ML）正中（MC)/右中（MR)**：文字向中线的左、中间、右点对齐（图 9-13）。

♥ **左下（BL)/中下（BC)/右下（BR)**：文字向底线的左、中间、右点对齐（图 9-14）。

AUTOCAD与室内装饰设计

AUTOCAD

AUTOCAD2006与室内装饰装修设计

图 9-10 "对齐"对正

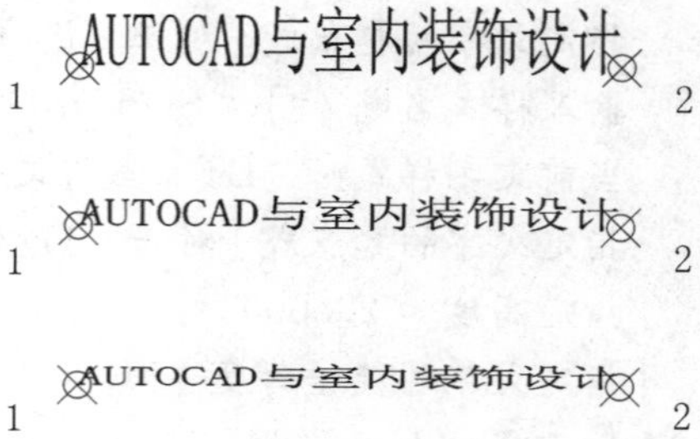

AUTOCAD与室内装饰设计

AUTOCAD与室内装饰设计

AUTOCAD与室内装饰设计

图 9-11 "调整"对正

AUTOCAD与室内装饰设计

AUTOCAD与室内装饰设计

AUTOCAD与室内装饰设计

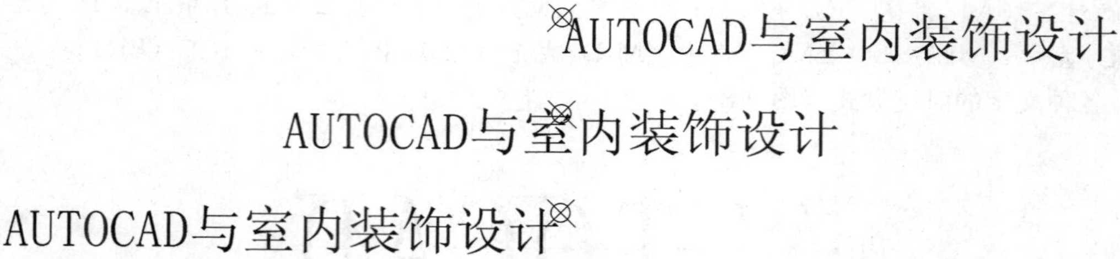

图 9-12 "左上/中上/右上"对正

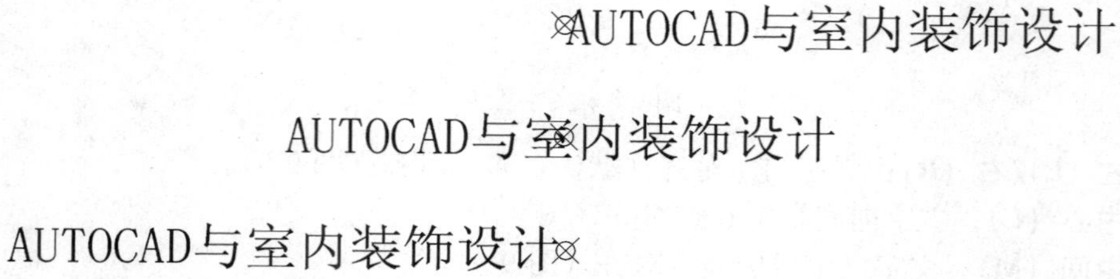

AUTOCAD与室内装饰设计

AUTOCAD与室内装饰设计

AUTOCAD与室内装饰设计

图 9-13 "左中正中/右中"对正

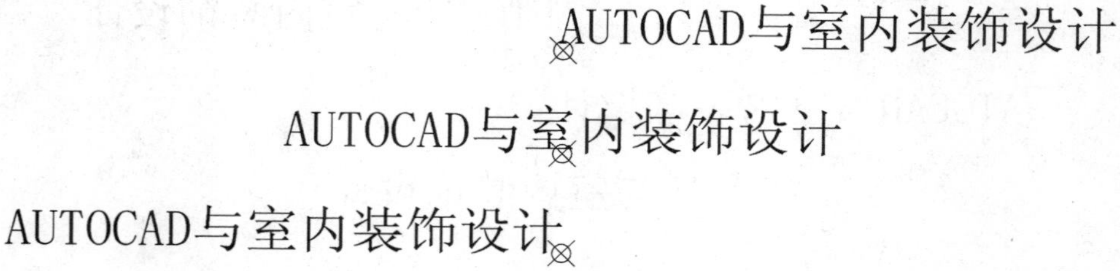

AUTOCAD与室内装饰设计

AUTOCAD与室内装饰设计

AUTOCAD与室内装饰设计

图 9-14 "左下/中下/右下"对正

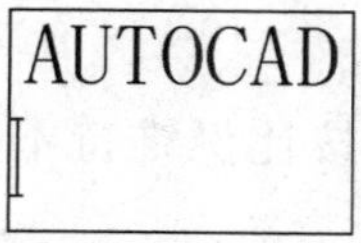

**2. 命令使用技巧**

♥ 换行：输入文字时，按第一次【Enter】移动到下一行，执行换行可继续输入文字内容（图 5-15）。

♥ 结束：输入完成后，按第一次【Enter】移动到下一行，再按【Enter】退出输入。

AUTOCAD

图 9-15 换行

♥ 刚结束的文字书写，如果希望再执行 dtext 命令，可继续在下一行写入。

**3. 控制码与特殊字符（图 9-16）**

♥ %%o：控制是否加顶线。

♥ %%u：控制是否加底线。

- ♥ %% d：控制角度度数符号（°）。
- ♥ %% p：控制正/负公差符号（±）。
- ♥ %% c：书写圆直径标注符号（Φ）。
- ♥ %%%：书写百分号（%）。

AutoCAD _建筑设计_
角度60°,⌀100,±50,%80

图 9-16　控制码与特殊字符

## 9.3　多行文字标注

创建或修改多行文字对象。以段落方式书写文字，从其他文件输入或粘贴文字以用于多行文字（表 9-3）。

表 9-3

| 命令 | mtext | 快捷键 | MT |
|---|---|---|---|
| 图标 | 文字/绘图工具栏 **A** | | |
| 菜单 | 绘图→文字→多行文字 | | |

命令：mtext
当前文字样式："Standard"　当前文字高度：10.0000
指定第一角点：　　　　　　　　　　　　　　　　　选取文本框的第一个角点
指定对角点或［高度（H）/对正（J）/行距（L）/旋转（R）/样式（S）/宽度（W）］（图 9-17）：
选取文本框的第二个角点，打开"文字格式"工具栏（图 9-18）。

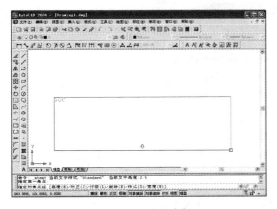

图 9-17　选取文本框

图 9-18　"文字格式"工具栏

### 1. "文字格式"工具栏（图 9-19）

**♥ 控制多行文字样式**

包括指定或修改选定文字的文字样式名、字体、字高、粗体、斜体、上下划线、堆叠、颜色字母的大小写。

**♥ 控制多行文字格式**

包括指定或修改选定文字的对齐与对正即：左对齐、居中对齐、右对齐；顶部、中间、底部设置；标题形式即：编号、项目符号、大写字母选择；文字倾斜、字符间距和扩张与缩放即：倾斜角度、追踪、宽度比例的调整。

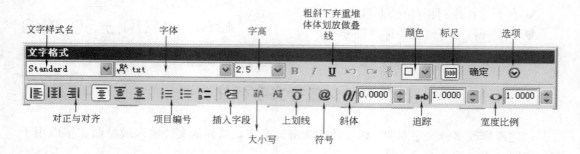

图 9-19 "文字格式"工具栏各项含义

♥ **标尺**：在编辑器顶部显示标尺，标尺表示如下（图 9-20）：

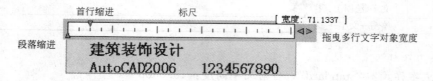

图 9-20 标尺

♥ **插入字段**：显示"字段"对话框，从中可以选择要插入到文字中的字段（图 9-21）。

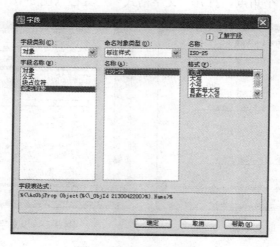

图 9-21 "字段"对话框

♥ **符号**：在光标位置插入符号，如选择"其他"打开"字符映射表"可获得更多的符号（图 9-22）。

♥ **选项**：显示选项菜单（图 9-23）。

**2. "选项"菜单**

♥ **设定"文字格式"工具栏显示**

包括有：选项菜单、显示工具栏、显示选项、不透明背景。

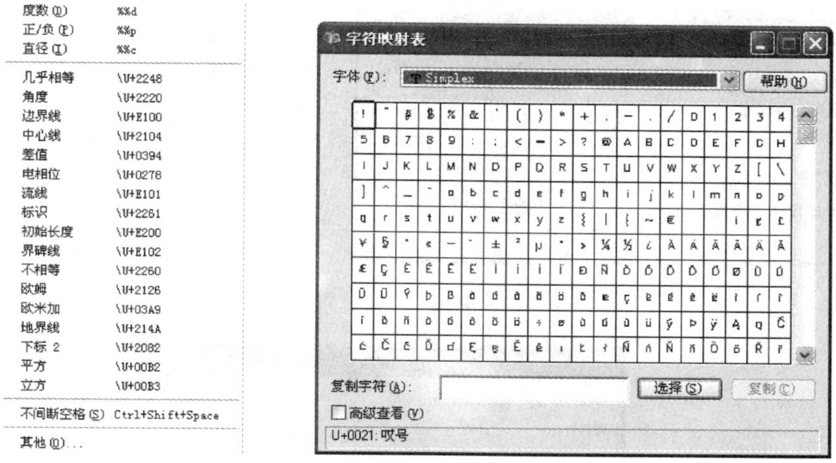

度数 (D) %%d
正/负 (P) %%p
直径 (I) %%c
几乎相等 \U+2248
角度 \U+2220
边界线 \U+E100
中心线 \U+2104
差值 \U+0394
电相位 \U+0278
流线 \U+E101
标识 \U+2261
初始长度 \U+E200
界碑线 \U+E102
不相等 \U+2260
欧姆 \U+2126
欧米加 \U+03A9
地界线 \U+214A
下标 2 \U+2082
平方 \U+00B2
立方 \U+00B3
不间断空格 (S) Ctrl+Shift+Space
其他 (O)...
字符映射表
字体 (F): Simplex
帮助 (H)
复制字符 (A):
选择 (S)
复制 (C)
高级查看 (V)
U+0021: 叹号

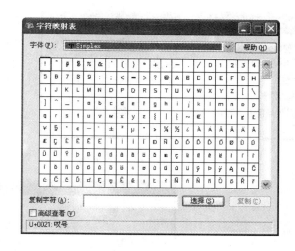

图 9-22 “符号”插入

♥ **输入文字：** 显示“选择文件”对话框。
♥ **缩进和制表位：** 打开“缩进和制表位”对话框（图 9-24）。
♥ **项目符号和列表：** 显示用于创建列表的选项（图 9-25）。

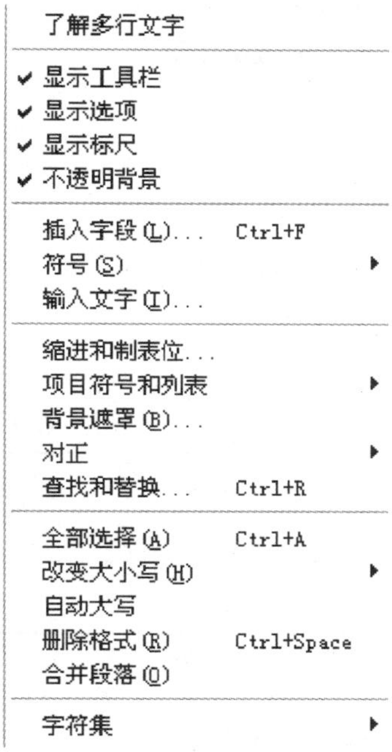

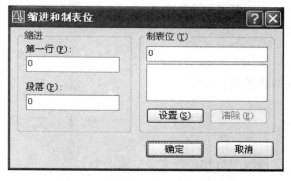

了解多行文字
显示工具栏
显示选项
显示标尺
不透明背景
插入字段 (L)... Ctrl+F
符号 (S)
输入文字 (I)...
缩进和制表位...
项目符号和列表
背景遮罩 (B)...
对正
查找和替换... Ctrl+R
全部选择 (A) Ctrl+A
改变大小写 (H)
自动大写
删除格式 (R) Ctrl+Space
合并段落 (O)
字符集

图 9-23 “选项”菜单

缩进和制表位
缩进
第一行 (F):
0
段落 (P):
0
制表位 (T)
0
设置 (S)
清除 (E)
确定
取消

图 9-24 “缩进和制表位”对话框

项目符号和列表
背景遮罩 (B)...
对正
查找和替换... Ctrl+R
全部选择 (A) Ctrl+A
改变大小写 (H)
自动大写
删除格式 (R) Ctrl+Space
合并段落 (O)
字符集
关闭
以字母标记
以数字标记
以项目符号标记
重新启动
继续
允许自动列表
仅使用制表符分隔
允许项目符号和列表

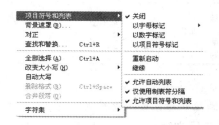

图 9-25 列表选项

♥ **背景遮罩：** 打开“背景遮罩”对话框（图 9-26）。
♥ **查找和替换：** 打开“查找和替换”对话框（图 9-27）。
将文字“1234567890”替换为“设计师”（图 9-28）。
♥ **删除格式：** 将选定文字的字符属性重置为当前文字样式，并将颜色重置为多行文

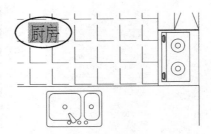

图 9-26　背景遮罩

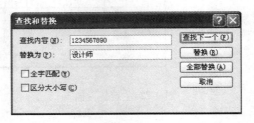

图 9-27　"查找和替换"对话框

图 9-28　文字替换

字对象的颜色。

## 9.4　文　字　编　辑

修改单行和多行文字（表 9-4）。

表 9-4

| 命令 | ddedit | 快捷键 | ED |
|---|---|---|---|
| 图标 | 文字工具栏 A/ | | |
| 菜单 | 修改→对象→文字→编辑 | | |
| 鼠标 | 将光标移到文字上双击 | | |

命令：ddedit

选择注释对象或［放弃（U）］：　　　　　　　　选择编辑文字

♥ 单行文字：

选择单行文字，选中需要编辑的文字进行修改。完成修改后按两次【Enter】键退出命令（图 9-29）。

♥ 多行文字

选择多行文字后弹出"文字格式"对话框，选中需要编辑的文字进行修改。完成修改后按"确定"按钮退出命令（图 9-30）。

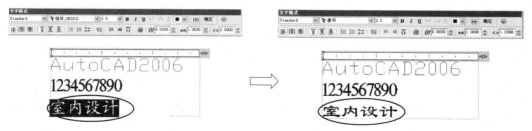

图 9-29　单行文字修改

图 9-30　多行文字修改

# 9.5　"特性"对话框

修改对象特性（表 9-5）。

表 9-5

| 命令 | properties | 快捷键 | PROPS 或【Ctrl】+1 |
|------|-----------|--------|-------------------|
| 图标 | 标准工具栏 | | |
| 菜单 | 工具修改→特性 | | |

命令：properties
打开"特性"对话框，选择要修改的文字后进行修改。

♥ 单行文本

打开"特性"对话框后，若选择的单行文字，在对话框中除了可对文字的基本特性进行修改外，还可对文字的内容、样式、对正、高度、宽度比例、倾斜角度等进行修改（图 9-31）。

图 9-31　用"特性"对话框修改单行文字

♥ 多行文字

打开"特性"对话框后，若选择的多行文字，在对话框中修改多行文字的参数（图 9-32）。

图 9-32　用"特性"对话框修改多行文字

## 9.6　表格样式管理器

建立或修改表格样式（表 9-6）。

表 9-6

| 命令 | tablestyle | 快捷键 | TS |
|---|---|---|---|
| 菜单 | 格式→表格样式 | | |

命令：tablestyle

打开"表格样式"对话框。

**新建一组表格样式**

♥ 单击"新建"按钮，打开"创建新的表格样式"对话框（图 9-33）。

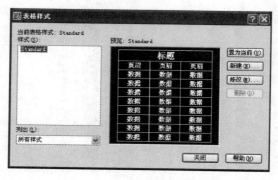

图 9-33　"表格样式"对话框

192

♥ 输入新样式名"AA"单击"继续"按钮，打开"新建表格样式：AA"对话框（图 9-34）。

图 9-34　创建表格样式

♥ 在"数据"选项卡中设置文字样式"K"（字体为楷体），字高为 5（图 9-35）。

♥ 在"列标题"选项卡中设置文字样式"S"（字体为宋体），字高为 5（图 9-36）。

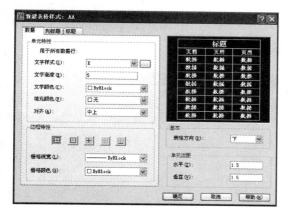

图 9-35　"新建表格样式-数据"选项卡

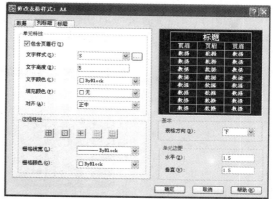

图 9-36　"新建表格样式-列标题"选项卡

♥ 在"标题"选项卡中设置文字样式"S"（字体为宋体），字高为 7（图 9-37）。

♥ 单击"确定"按钮，回到"表格样式"对话框，选择"置为当前"，再单击"关闭"按钮"AA"表格新建完成（图 9-38）。

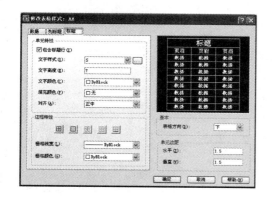

图 9-37　"新建表格样式-标题"选项卡

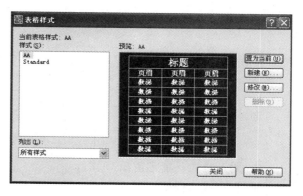

图 9-38　预览新建表格

## 9.7 表 格

绘制具有数据、文字、块的表格（表9-7）。

表 9-7

| 命令 | table | 快捷键 | TB |
|---|---|---|---|
| 图标 | 文字工具栏 | | |
| 菜单 | 绘图→表格 | | |

**命令**：table　　　　打开"插入表格"对话框。
**使用说明**
**1. 插入方式→指定插入点**
♥ 打开"插入样式"对话框，选择"插入方式"为"指定插入点"，"列"为3，"列宽"为60，"行"为6，"行高"为1（图9-39）。

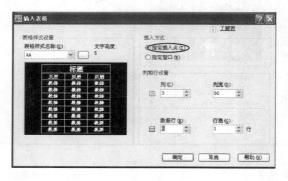

图9-39 "插入表格"对话框

♥ 单击"确定"按钮，回到绘图区点选表格左上角位置完成表格（图9-40）。

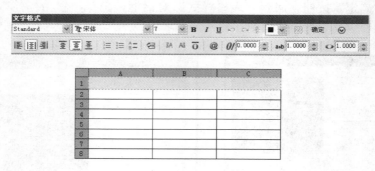

图9-40 "指定插入点"插入表格

**2. 插入方式→指定窗口**
♥ 在"插入样式"对话框，选择"插入方式"为"指定窗口"，"列"为3，"行高"为1（图9-41）。

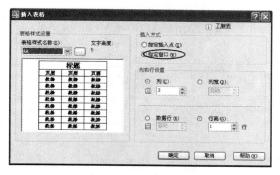

图 9-41　选取插入方式

♥ 单击"确定"按钮，回到绘图区点选表格左上角位置后拖拽置右下点，完成表格
（图 9-42）。

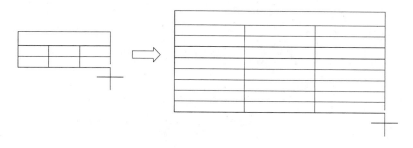

图 9-42　"指定窗口"插入表格

### 3. 在表格内建立文字数据

用鼠标双击表格单元即可输入文字，光标的移动只要操作键盘的上、下、左、右方向
键即可轻松控制（图 9-43）。

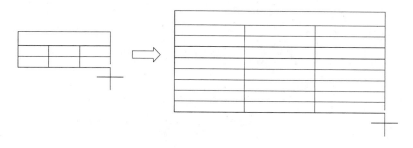

图 9-43　表格的文字输入

**4. 在表格内块数据**

♥ 打开 C：\ Program Files \ AutoCAD2006 \ Sample \ DesignCenter \ House Designer. dwg（图 9-44）。

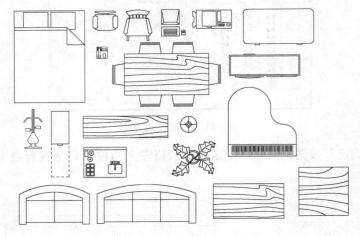

图 9-44　AutoCAD2006 中家具图块

♥ 建立表格（图 9-45）。

| 统计表 | | | |
|---|---|---|---|
| 项目 | 图示 | 品名 | 数量 |
| 1 | | 椅子 | 4 |
| 2 | | 沙发 | 1 |
| 3 | | 双人床 | 1 |
| 4 | | 电话 | 3 |
| 5 | | 书桌 | 2 |
| 6 | | 台灯 | 2 |
| 7 | | 复印机 | 1 |
| 8 | | 跑步机 | 1 |
| z | | DDF | |

图 9-45　建立表格

♥ 选中图示栏表格，单击鼠标右键在弹出的快捷菜单中选择"插入块"，打开"在表格单元中插入块"对话框（图 9-46）。

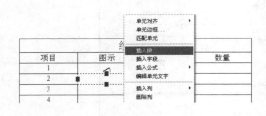

图 9-46　插入图块

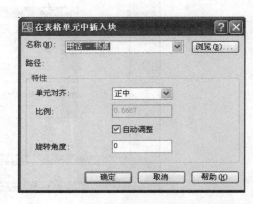

图 9-47　"在表格单元中插入块"对话框

196

♥ 选择名称"电话-书桌"，单元对齐"正中"，并勾选"自动调整"（图 9-47）。

♥ 完成后的结果（图 9-48）。

| 统计表 | | | |
|---|---|---|---|
| 项目 | 图示 | 品名 | 数量 |
| 1 | | 椅子 | 4 |
| 2 | | 沙发 | 1 |
| 3 | | 双人床 | 1 |
| 4 | | 电话 | 3 |
| 5 | | 书桌 | 2 |
| 6 | | 台灯 | 2 |
| 7 | | 复印机 | 1 |
| 8 | | 跑步机 | 1 |

图 9-48　表格图

**5. 修改表格**

♥ 修改列宽：碰选表格的框线，在激活的状态下选择标题下线的夹点拖拽即可（图 9-49）。

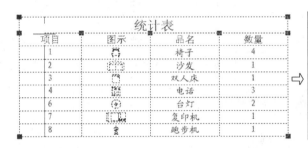

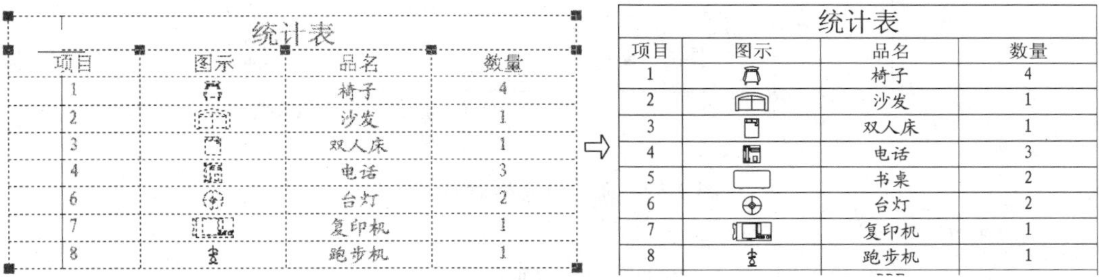

图 9-49　修改列宽

♥ 修改单元格文字：用鼠标双击表格内的文字后修改（图 9-50）。

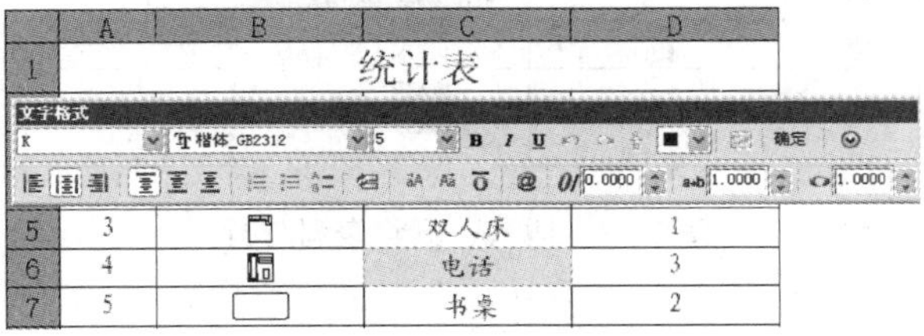

图 9-50　修改单元格文字

♥ 编辑单元格图块：用鼠标双击表格内的块后修改（图 9-51）。

♥ 调整单元格的对齐方式：用鼠标先选择一个单元格，再按【Shift】键添加若干，按鼠标右键在弹出的快捷菜单中选择"单元对齐"（图 9-52）。

♥ 插入及删除列与行：选择一个单元格后单击鼠标右键，在弹出的快捷菜单中，选择"插入列"或"删除列"或"插入行"或"删除行"即可完成（图 9-53）。

♥ 合并单元格：选择一个单元格后单击鼠标右键，在弹出的快捷菜单中，选择"合并单元格"（图 9-54）。

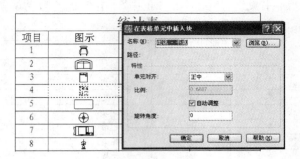

图 9-51　修改单元格图块

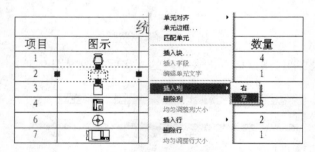

图 9-52　调整单元格对齐方式

图 9-53　插入、删除表列与行

图 9-54　合并单元格

♥ 输出表格数据：用鼠标点击表格后再单击右键，在弹出的快捷菜单中，选择"输出"。弹出"输出数据"对话框（图 9-55）。

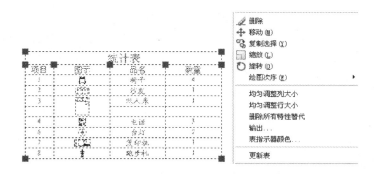

图 9-55　表格输出

♥ "输出数据"对话框（图 9-56）。

图 9-56　"输出数据"对话框

## 9.8　表 格 编 辑

编辑表格（表 9-8）。

表 9-8

| 命令 | tabledit | 快捷键 | 无 |
| --- | --- | --- | --- |
| 鼠标 | 在单元格内双击鼠标左键 | | |

命令：tabledit
拾取表格单元：
在单元格点击后，然后做相应的编辑即可（图 9-57）。

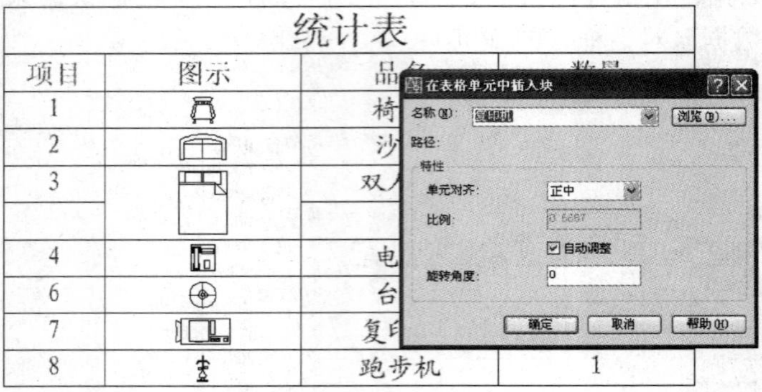

统计表

| 项目 | 图示 | 品名 | 数量 |
|---|---|---|---|
| 1 | | 椅 | |
| 2 | | 沙 | |
| 3 | | 双人 | |
| | | | |
| 4 | | 电 | |
| 6 | | 台 | |
| 7 | | 复印 | |
| 8 | | 跑步机 | 1 |

在表格单元中插入块

名称(N): [图块组] 浏览(B)...

路径:

特性

单元对齐: 正中

比例: 0.6667

☑ 自动调整

旋转角度: 0

确定　取消　帮助(H)

图 9-57　表格编辑

## 上 机 练 习

**1.** 用单行文字命令书写词牌词体"水调歌头　明月几时有"隶书高度 25，书写作者"苏轼"隶书高度 10；用多行文字命令书写下词，为宋体字高 15。

# 水调歌头　　明月几时有

**苏轼**

明月几时有？把酒问青天。不知天上宫阙，今昔
是何年。我欲乘风归去，又恐琼楼玉宇，高处不胜寒。
起舞弄清影，何似在人间。

**2.** 绘制如下表格，"列标题"为宋体字高 7，"数据"为楷体字高 7，"标题"为楷体字高 10。

| 统计表 | | | |
|---|---|---|---|
| 项目 | 图示 | 品名 | 数量 |
| 1 |  | 椅子 | 8 |
| 2 | 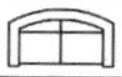  | 沙发 | 4 |
| 3 |  | 双人床 | 1 |
| 4 |  | 电话 | 3 |
| 5 | 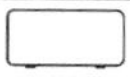  | 书桌 | 1 |
| 6 |  | 台灯 | 4 |

12

10

30　　40　　50　　24

# 第10章 块 命 令

## 10.1 创 建 块

创建内部块。首先绘制创建为"块"的图形，然后调用创建块命令，将图形保存为一个字符（表10-1）。

表 10-1

| 命令 | block | 快捷键 | B |
|---|---|---|---|
| 图标 | 绘图工具栏 🔲 | | |
| 菜单 | 绘图→块→创建 | | |

**使用说明**

**1. 绘制块**

绘制指北针图形，确定插入点和块名称（表10-2）。

指北针 表10-2

| 块名称 NN1 | 块名称 NN2 | 块名称 NN3 | 块名称 NN4 |
|---|---|---|---|
| 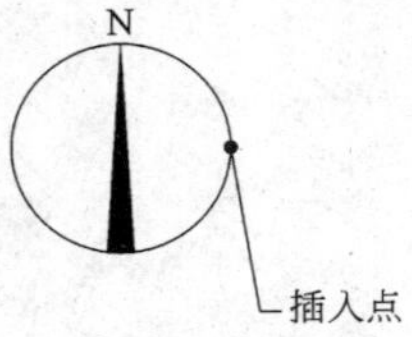 | 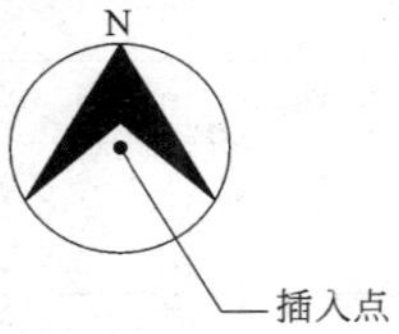 | 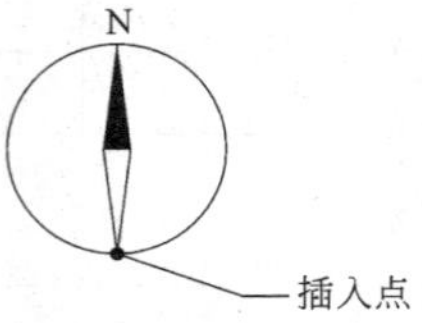 | 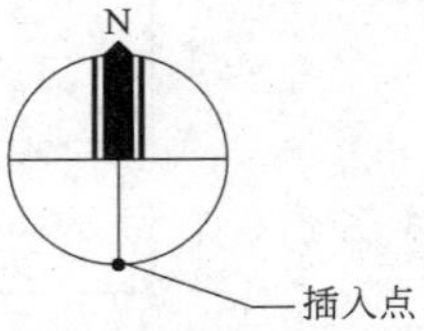 |

**2. 创建块**

命令：block 打开"块定义"对话框（图10-1）。

♥ 起块名称：NN1（图10-2）

♥ 选插入点：

① 单击拾取 🔲 按钮，进入绘图区，选取插入点。

② 输入 $X$，$Y$，$Z$ 坐标确定插入点（图10-3）。

♥ 选择块对象：

① 单击拾取 🔲 按钮，进入绘图区，选择块图形。

② 选择对象（图10-4）

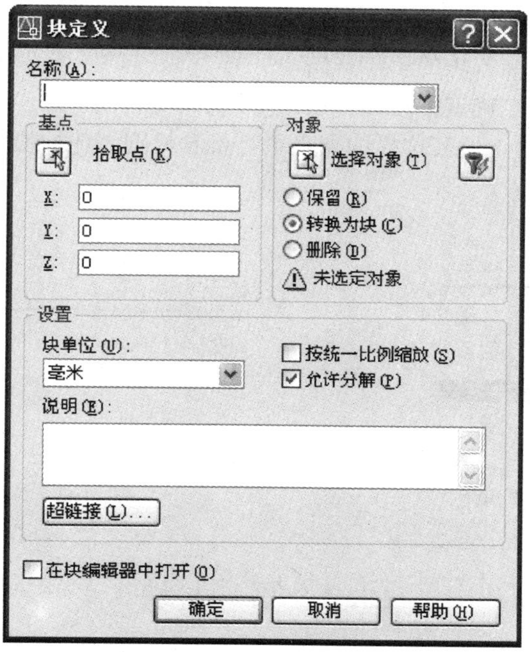

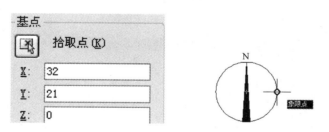

图 10-1 "块定义"对话框

名称(A):
NN1

图 10-2 输入"块"名

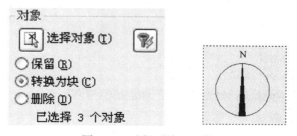

图 10-3 拾取"块"插入点

图 10-4 选择"块"对象

保留：创建块后，保留原选择图形对象。

转换为块：创建块后，原选择图形对象转换为块。

删除：创建块后，删除原选择图形对象。

♥ 选择单位：确定插入块的单位（图 10-5）。

♥ 创建完成，单击"确定"按钮，退出对话框，图块就做好了。

在执行 block 命令时，块名称栏的列表中，可看见刚创建的块名称（图 10-6）。

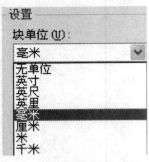

图 10-5 选择"块"单位

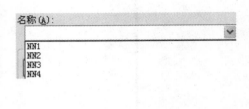

图 10-6 "块"名称

## 10.2 写 块

将块写成文件（表 10-3）。

表 10-3

| 命令 | wblock | 快捷键 | W |
| --- | --- | --- | --- |

命令：wblock 打开"写块"对话框（图 10-7）。

**使用说明**

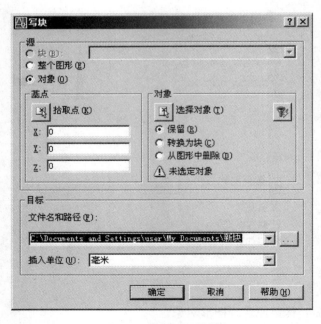

图 10-7 "写块"对话框

**1. 将已存在的块写出文件**

♥ 选择"源"中"块"选项，点击下拉 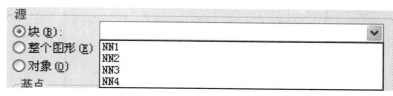 符号即可看到列表上已有的块名称（图 10-8）。

图 10-8　选插入"块"

♥ 指定块文件路径（图 10-9）。

图 10-9　"块"文件路径

♥ 指定插入单位，单击"确定"（图 10-10）。

图 10-10　"块"插入单位

**2. 将整个图形写出文件**

♥ 选择"源"中"整个图形"选项（图 10-11）。

图 10-11　选插入"整个图形"

♥ 指定块文件路径（图 10-12）。

图 10-12　图形文件路径

♥ 指定插入单位，单击"确定"（图 10-13）。

图 10-13　图形插入单位

**3. 选取图形部分对象写出文件**（图 10-14）

♥ 选择"源"中"对象"选项。

♥ 指定插入点。

图 10-14 选插入"对象"

♥ 选择对象。

♥ 指定块文件路径。

♥ 指定插入单位，单击"确定"。

**提示：**

① 当图形上的块以 block 创建时，该块只能由该张图使用而不能与其他图形文件共用；如果其他图形文件也要用到所创建块时，则必须以 wblock 写出块，才可与其他图形文件共用，或者用 AutoCAD 设计中心从其他图形加载（图 10-15）。

② 将已存在的块写出文件后，系统将"块"的插入点指定为块文件的坐标原点（0，0，0）。

图 10-15　AutoCAD 设计中心

# 10.3 插 入 块

将块插于图上（表10-4）。

表 10-4

| 命令 | insert | 快捷键 | I |
|---|---|---|---|
| 图标 | 绘图工具栏 | | |
| 菜单 | 插入→块 | | |

命令：insert　　　　打开块"插入"对话框。

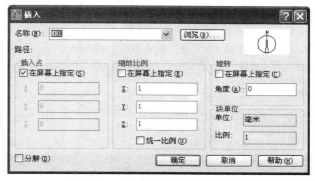

图 10-16 "插入"对话框

**使用说明**

**1. 插入图形上保存的块（图10-17）。**

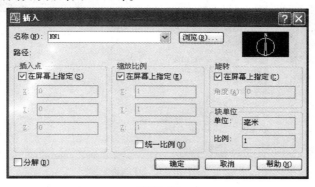

图 10-17

♥ 在块"插入"对话框中，点击下拉 ∨ 符号，选择插入块名 NN1。

♥ 确定块的插入点、缩放比例和旋转角度（可以在屏幕上指定，也可以在对话框中给出）。

♥ 分解：选择插入块是否"分解"还原为最原始的对象，而非块对象。

♥ 选择相关选项如下，单击"确定"。

♥ 回答命令提示

指定插入点或［基点（B）/比例（S）/X/Y/Z/旋转（R）/预览比例（PS）/PX/PY/PZ/
预览旋转（PR）］：

　　　　　　　　　　　　　　　　　　　　　　　指定插入点

输入 X 比例因子，指定对角点，或［角点（C）/XYZ］＜1＞：X 方向缩放系数图 10-18（a）
输入 Y 比例因子或＜使用 X 比例因子＞：　　　　　Y 方向缩放系数图 10-18（b）
指定旋转角度＜0＞：　　　　　　　　　　　　　　图块旋转角图 10-18（c）

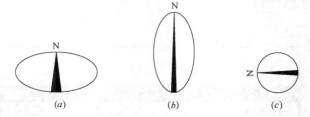

图 10-18　"块"插入缩放、旋转设置

（a）X＝2，Y＝1 旋转＝0；（b）X＝1，Y＝2 旋转＝0；（c）X＝1，Y＝1 旋转 90

## 2. 插入外部文件

♥ 在块"插入"对话框中，点击 浏览(B)... 符号，打开"选择图形文件"对话框
（图 10-19）。

图 10-19　对话框

♥ 选择插入文件后，单击"打开"返回块"插入"对话框（图 10-20）。

♥ 路径提示图形文件的位置，选择相关选项，单击"确定"。

♥ 回答命令提示

指定插入点或［基点（B）/比例（S）/X/Y/Z/旋转（R）/预览比例（PS）/PX/PY/PZ/
预览旋转（PR）］：

　　　　　　　　　　　　　　　　　　　　　　　指定插入点

输入 X 比例因子，指定对角点，或［角点（C）/XYZ］＜1＞：　X 方向缩放系数

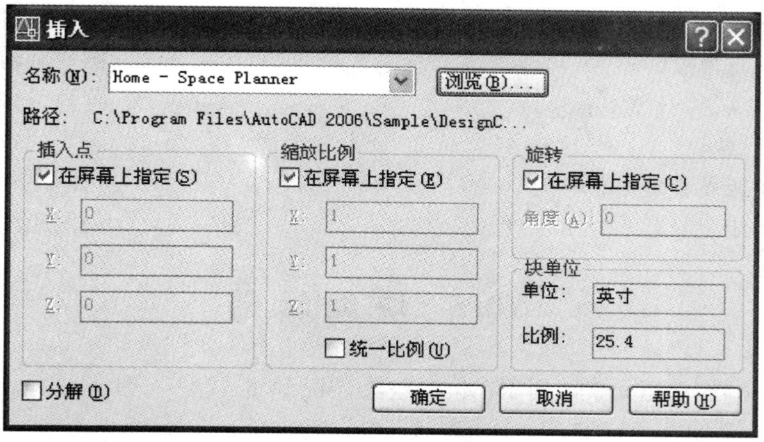

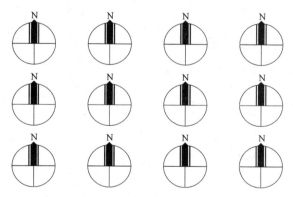

图 10-20　插入外部文件

输入 Y 比例因子或<使用 X 比例因子>：　　　　　　　　　　　　Y 方向缩放系数

指定旋转角度<0>：　　　　　　　　　　　　　　　　　　　　图块旋转角

## 10.4　阵列插入块

将块插于图上（表 10-5）。

表 10-5

| 命令 | minsert | 快捷键 | 无 |
|---|---|---|---|

**使用说明**将"NN4"块插入呈 4 行、间距 15，3 列、列距 20（图 10-21）。

图 10-21　阵列插入块

命令：minsert

输入块名或［?］<NN1>：NN4　　　　　　　　　　　　　　输入块名 NN4

单位：毫米　转换：1.0000

指定插入点或［基点（B）/比例（S）/X/Y/Z/旋转（R）/预览比例（PS）/PX/PY/PZ/

预览旋转（PR）］：　　　　　　　　　　　　　　　　　　　　指定插入点

输入 X 比例因子，指定对角点，或［角点（C）/XYZ］<1>：X 方向缩放系数

| 输入 Y 比例因子或<使用 X 比例因子>: | Y 方向缩放系数 |
|---|---|
| 指定旋转角度<0>: | 图块旋转角 |
| 输入行数（---）<1>：3 | 阵列行数 |
| 输入列数（｜｜｜）<1>：4 | 阵列列数 |
| 输入行间距或指定单位单元（---）：15 | 行间距 |
| 指定列间距（｜｜｜）：20 | 列间距 |

## 10.5 块 编 辑 器

给"块"添加动态元素，用于在位调整块（表 10-6）。

表 10-6

| 命令 | bedit | 快捷键 | BE |
|---|---|---|---|
| 图标 | 标注工具栏 | | |
| 菜单 | 工具→块编辑器 | | |

**使用说明**

**1. 动态块的在位调整**

♥ 工具选项板中的动态块（图 10-22）。

（a）　　　　　　　　　　（b）　　　　　　　　　　（c）

图 10-22　工具选项板
（a）建筑；（b）土木工程/结构；（c）电力

♥ 动态门

打开"工具选项板→建筑"，选择公制样例"门"拖曳至绘图区，单击"门"后进行以下调整（图 10-23）。

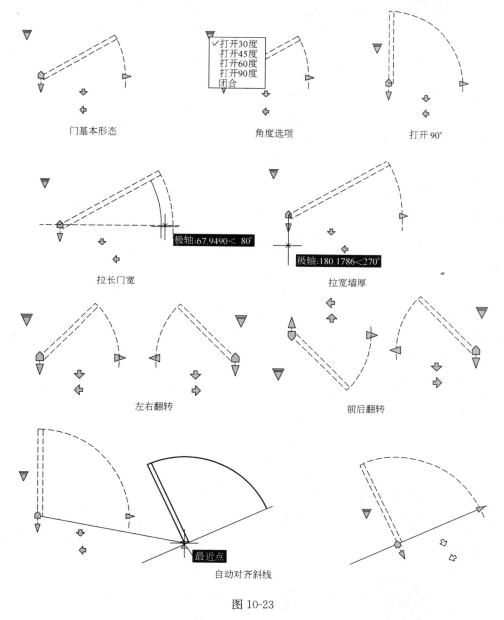

门基本形态　　　　　角度选项　　　　　打开 90°

拉长门宽　　　　　拉宽墙厚

左右翻转　　　　　前后翻转

自动对齐斜线

图 10-23

♥ 动态树

打开"工具选项板→建筑"，选择公制样例"树"拖曳至绘图区，单击"树"后进行以下调整（图 10-24）。

♥ 国际限速标志

打开"工具选项板→土木工程/结构"选择公制样例"国际限速标志"拖曳至绘图区，单击它进行以下调整（图 10-25）。

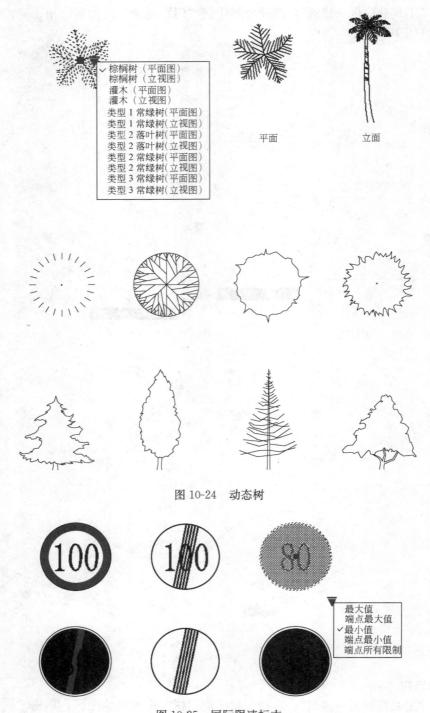

图 10-24　动态树

图 10-25　国际限速标志

**2. 制作动态块**

命令：bedit　打开"块编写选项板"对话框，应用其给"块"添加动态元素（图10-26）。

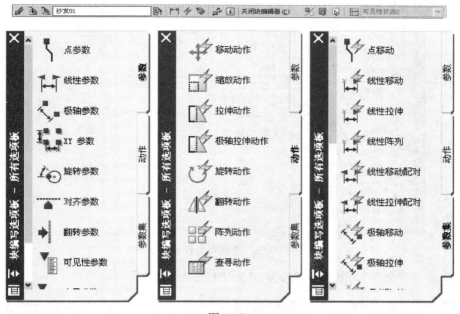

图 10-26

范例 10.1 三合一沙发

♥ 打开第 8 章上机练习题（1）和（2）图。

♥ 用 block 命令将下面图形创建块，块名："沙发 123"，勾选"在块编辑器中打开"，单击"确定"进入块编辑器（图 10-27）。

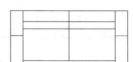

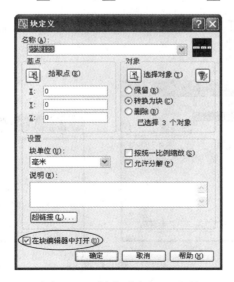

图 10-27 创建"沙发 123"块

♥ 设置可见性参数，双击▽可见性，打开"可见性状态"对话框（图 10-28）。

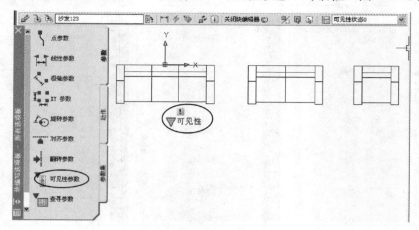

图 10-28　选择可见性参数

♥ 单击"重命名"，命名为"沙发 01"（图 10-29）。

图 10-29　命名"沙发 01"

♥ 单击"新建"，打开"新建可见性状态"对话框，输入名称"沙发 02"单击"确定"（图 10-30）。

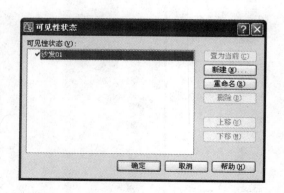
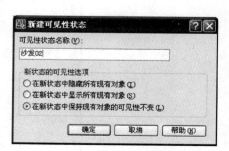

图 10-30　建"沙发 02"

♥ 再新建"沙发 03"（图 10-31）。

图 10-31　新建"沙发 03"

❤ 将沙发 01 置为当前，选择双人和单人沙发，点击"使不可见 　"按钮，双人和单人沙发消失（图 10-32）。

图 10-32　设置"沙发 01"当前，"沙发 02 和 03"消失

❤ 将沙发 02 置为当前，选择三人和单人沙发，点击"使不可见 　"按钮，三人和单人沙发消失（图 10-33）。

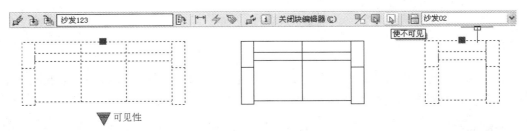

图 10-33　设置"沙发 02"为当前，"沙发 01 和 03"消失

执行 move 移动命令，将双人沙发移到（0,0）点（图 10-34）。

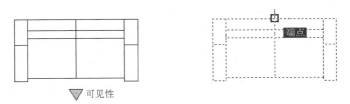

图 10-34　移动双人沙发 02

♥ 将沙发 03 置为当前，选择三人和双人沙发，点击"使不可见 ⌖"按钮，三人和双人沙发消失（图 10-35）（此时三人和双人沙发已经叠在一起）。

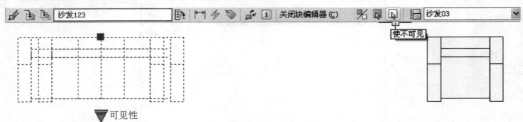

图 10-35 "03"为当前，"沙发 01 和 02"消失

执行 move 移动命令，将单人沙发移到（0，0）点（图 10-36）。

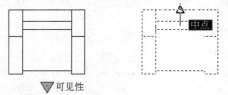

图 10-36 移动单人沙发 01

♥ 将沙发 01 置为当前，加入对齐参数。三人沙发将具有对齐墙线能力（图 10-37）。

命令：bparameter 对齐
指定对齐的基点或［名称（N）］：
选择 1 点
对齐类型 ＝ 垂直
指定对齐方向或对齐类型［类型（T）］
＜类型＞：　　　选择 2 点

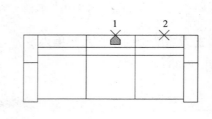

图 10-37 设置三人沙发 01 "对齐"

♥ 将沙发 02 置为当前，点击"使可见"按钮，再选择图中加入对齐参数和对齐线。双人沙发也具有对齐墙线能力（图 10-38）。

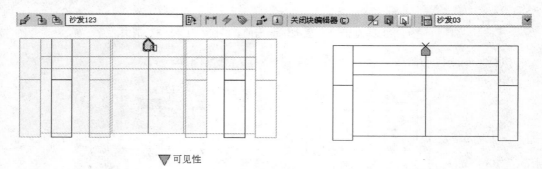

图 10-38 设置沙发 02 "对齐"

♥ 将沙发 03 置为当前，使单人沙发也具有对齐墙线能力（图 10-39）。

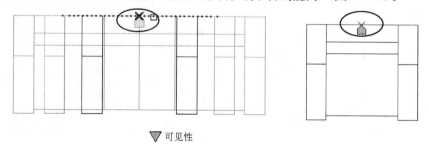

图 10-39　设置单人沙发 03 "对齐"

♥ 保存沙发 123 块定义，关闭块编辑器（图 10-40）。

图 10-40　保存沙发 123 块定义

♥ 三人、双人和单人沙发的自由切换（图 10-41）。

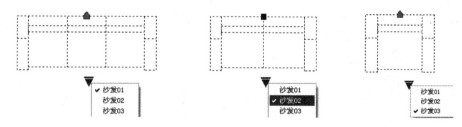

图 10-41　三人，双人和单人沙发的切换

♥ 三人、双人和单人沙发与墙线对齐（图 10-42）。

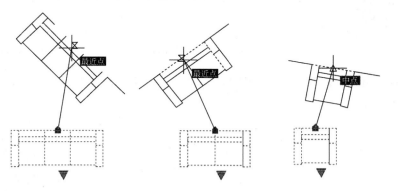

图 10-42　沙发与墙对齐

范例 10.2 书柜长度调制制作

♥ 打开第 8 章上机练习题（20）图。

♥ 以 block 命令将书柜创建块，块名："立面书桌"，勾选"在块编辑器中打开"，单击"确定"进入块编辑器（图 10-43）。

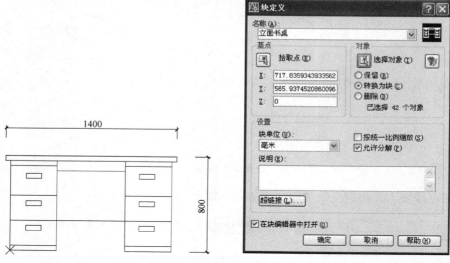

图 10-43　创建"立面书桌"块

♥ 建立线性参数，选择书柜的左上角和右上角（图 10-44）。

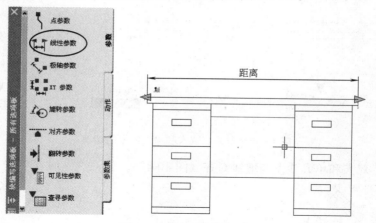

图 10-44　建立线性参数

♥ 打开"特性"窗口，单击线性参数，将其"值集"设置增量 100，最小距离 1400，最大距离 1800（图 10-45）。

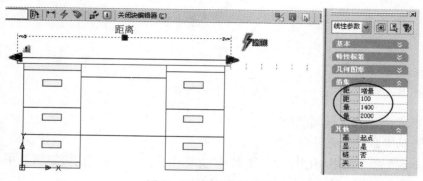

图 10-45　设置长度增量

♥ 设置"动作→拉伸"（图 10-46）。

命令：bactionTool 拉伸

选择参数： 选择线性参数

指定要与动作关联的参数点或输入 [起点（T）/第二点（S）] ＜第二点＞： 右上角

指定拉伸框架的第一个角点或 [圈交（CP）]： 选择 1 点

指定对角点： 选择 2 点

指定要拉伸的对象 图中虚线

选择对象：找到 25 个 【Enter】

指定动作位置或 [乘数（M）/偏移（O）]： 放置在右上边

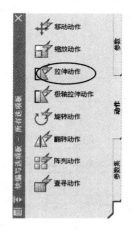
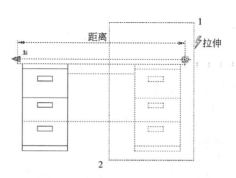

图 10-46 设置"动作→拉伸"

♥ 保存书柜块定义，关闭块编辑器。

♥ 调制书柜长度（图 10-47）。

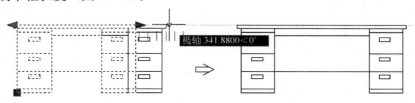

图 10-47 调制书柜长度

# 上 机 练 习

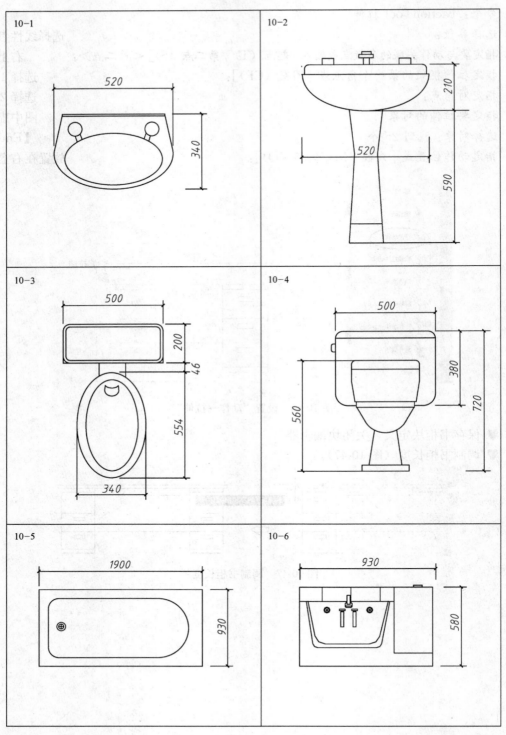

10-1 520 340

10-2 210 520 590

10-3 500 200 46 554 340

10-4 500 380 720 560

10-5 1900 930

10-6 930 580

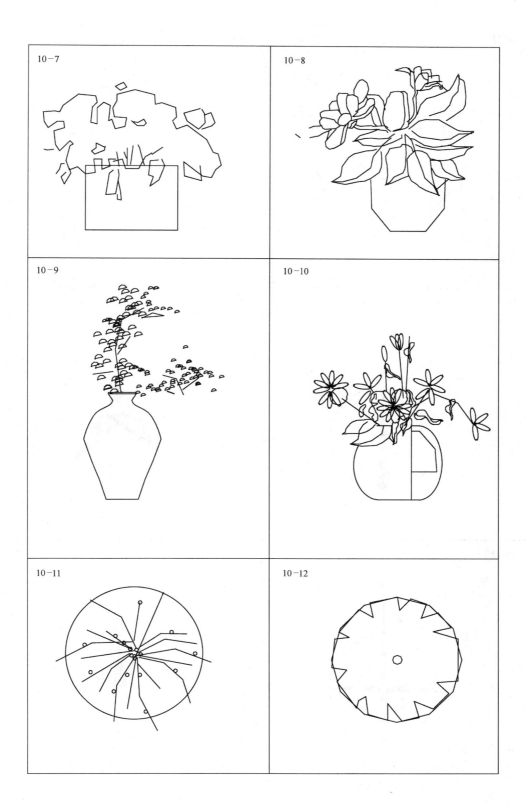

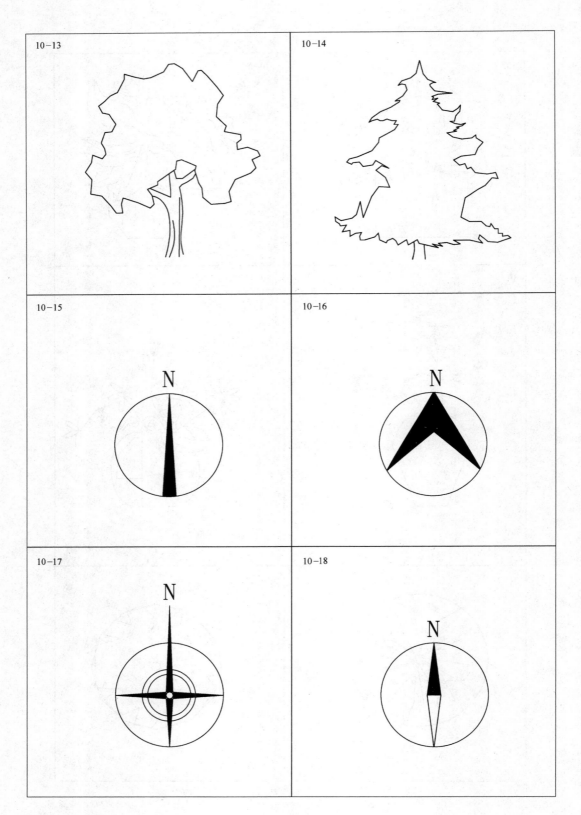

10—13

10—14

10—15

N

10—16

N

10—17

N

10—18

N

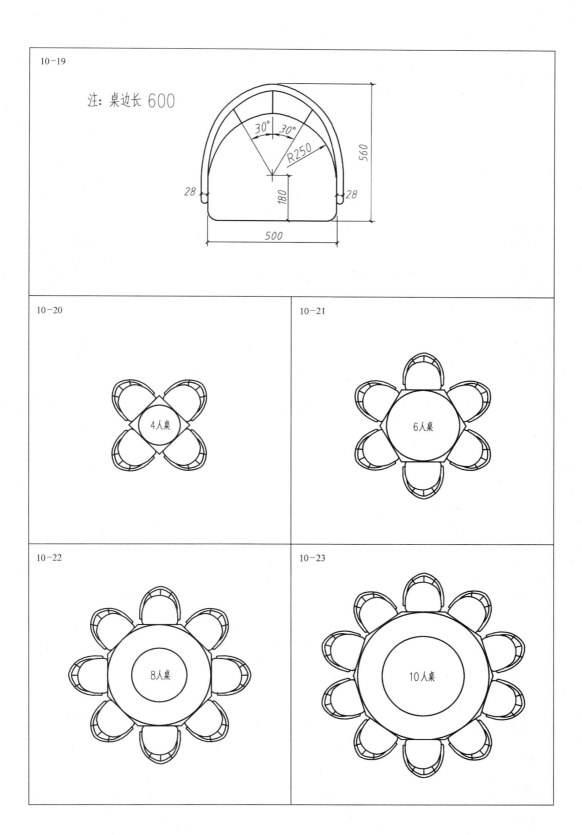

10-19

注: 桌边长 600

10-20

4人桌

10-21

6人桌

10-22

8人桌

10-23

10人桌

# 第11章 查询命令

## 11.1 距　离

测量两点之间的距离和角度（表11-1）。

表 11-1

| 命令 | dist | 快捷键 | DI |
|------|------|--------|-----|
| 图标 | 查询工具栏 ▰▰ | | |
| 菜单 | 工具→查询→距离 | | |

**使用说明**　查询 AB 直线距离（图 11-1）。

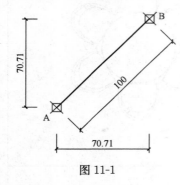

图 11-1

命令：dist
指定第一点：

选取点 A

指定第二点：

选取点 B

距离＝100.00，$XY$ 平面中的倾角＝45，与 $XY$ 平面的夹角＝0

提示 A 与 B 两点间的距离，AB 直线与 $X$ 轴的夹角，与 $XY$ 平面的夹角

$X$＝增量＝70.71，$Y$＝增量＝70.71，$Z$ 增量＝0.00

提示由点 A 至点 B 的 $X$、$Y$、$Z$ 增量值

## 11.2　面　积

计算对象或指定区域的面积和周长（表11-2）。

表 11-2

| 命令 | area | 快捷键 | AA |
|------|------|--------|-----|
| 图标 | 查询工具栏 ▰ | | |
| 菜单 | 工具→查询→面积 | | |

**【例 11-1】**　查询三角形面积和周长（图 11-2）。

命令：area

指定第一个角点或［对象（O）/加（A）/减（S）］：　　选取点 1

指定下一个角点或按 ENTER 键全选：　　选取点 2

指定下一个角点或按 ENTER 键全选：　　选取点 3

指定下一个角点或按 ENTER 键全选：　　【Enter】

面积＝32410.5953，周长＝259.8076　　提示△123 面积和周长

**选项说明**

♥ **对象（O）：**

**【例 11-2】** 查询菱形面积和周长（图 11-3）。

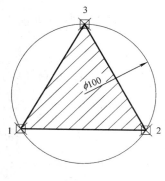

图 11-2

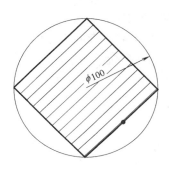

图 11-3

命令：area

指定第一个角点或［对象（O）/加（A）/减（S）］：o

选择对象：　　选取菱形

面积＝5000.0000，长度＝282.8427　　显示菱形面积和周长

面积计算中忽略多段线的宽度。

♥ **加（A）：** 打开"加"模式后，指定新区域时在总面积中加上相应的面积。

**【例 11-3】** 查询三角形和菱形之和（图 11-4）。

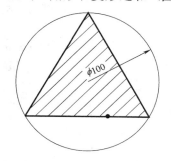

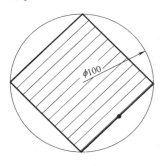

图 11-4

命令：area

指定第一个角点或［对象（O）/加（A）/减（S）］：a　　输入选项 a

指定第一个角点或［对象（O）/减（S）］：o　　输入选项 o

（"加"模式）选择对象： 选取三角形

面积＝3247.5953，长度＝259.8076 提示三角形面积和周长

总面积＝3247.5953

面积计算中忽略多段线的宽度。

（"加"模式）选择对象： 选取菱形

面积＝5000.0000，长度＝282.8427 提示菱形面积和周长

总面积 ＝ 8247.5953 提示阴影部分总面积

面积计算中忽略多段线的宽度。

（"加"模式）选择对象： 【Enter】

指定第一个角点或［对象（O）/减（S）］： 【Enter】结束命令

♥ 减 (S)：打开"减"模式后，指定新区域时在总面积中减去其面积。

【例 11-4】 查询阴影部分面积（图 11-5）。

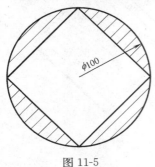

图 11-5

命令：area

指定第一个角点或［对象（O）/加（A）/减（S）］：a

输入选项 a

指定第一个角点或［对象（O）/减（S）］：o

输入选项 o

（"加"模式）选择对象：

选取圆形

面积＝7853.9816，圆周长＝314.1593

提示圆形面积和周长

总面积＝7853.9816

（"加"模式）选择对象： 【Enter】

指定第一个角点或［对象（O）/减（S）］：s 输入选项 s

指定第一个角点或［对象（O）/加（A）］：o 输入选项 o

（"减"模式）选择对象： 选取菱形

面积＝5000.0000，长度＝282.8427 提示菱形面积和周长

总面积＝2853.9816 提示阴影部分面积

面积计算中忽略多段线的宽度。

（"减"模式）选择对象： 【Enter】

指定第一个角点或［对象（O）/加（A）］： 【Enter】结束命令

## 11.3 列　　表

查询对象的数据信息（表 11-3）。

表 11-3

| 命令 | list | 快捷键 | LI |
|---|---|---|---|
| 图标 | 查询工具栏 📋 | | |
| 菜单 | 工具→查询→列表 | | |

**使用说明** 查询五边形数据信息（图11-6）。

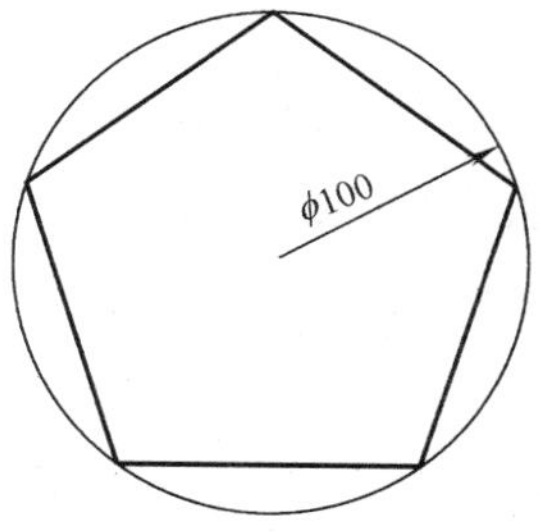

命令：list

选择对象：找到 1 个　　　　选择五边形

选择对象：　　　　　　　【Enter】退出，

出现文本窗口提示五边形信息如下：

LWPOLYLINE　图层：0　　　　对象类型与在图层

　　　　　　　空间：模型空间　　空间设置状态

句柄＝4bf　　　　　　　　　　对象处理代码

打开

固定宽度　　0.8000　　　　　线宽

面积　5944.1032　　　　　　五边形的面积

长度　293.8926

于端点　　$X$＝1038.9616　　$Y$＝629.7534　　$Z$＝0.0000　　五边形顶点坐标

于端点　　$X$＝10910.7402　$Y$＝629.7534　　$Z$＝0.0000

于端点　　$X$＝1115.9037　　$Y$＝685.6551　　$Z$＝0.0000

于端点　　$X$＝1068.3509　　$Y$＝720.2043　　$Z$＝0.0000

于端点　　$X$＝1020.7981　　$Y$＝685.6551　　$Z$＝0.0000

于端点　　$X$＝1038.9616　　$Y$＝629.7534　　$Z$＝0.0000，

观看完后按【F2】功能键关闭，

图 11-6

# 11.4　点　坐　标

显示点的位置坐标（表11-4）。

表 11-4

| 命令 | id | 快捷键 | 无 |
|---|---|---|---|
| 图标 | 查询工具栏 | | |
| 菜单 | 工具→查询→点坐标 | | |

**使用说明** 查询圆心点坐标（图11-7）。

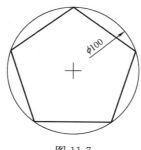

图 11-7

命令：id

指定点：　　　　　　　　　　　　　　　　　　捕捉圆心点

$X$＝100.0000　　　$Y$＝60.0000　　　$Z$＝0.0000　　指定点的 $X$、$Y$、$Z$ 坐标

## 上 机 练 习

将绘图单位设置为精确到小数点后三位，完成以下图形绘制，回答 A、B、C 值及阴影面积。

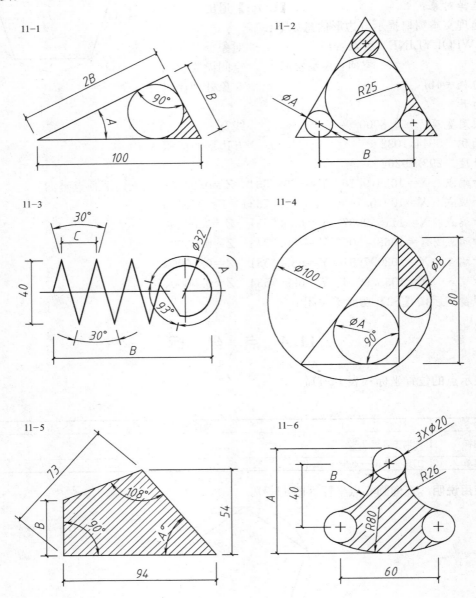

11-1

11-2

11-3

11-4

11-5

11-6

# 第12章 建筑装饰施工图绘制

## 12.1 平房平、立、剖面图

绘制平房平、立、剖面图，图幅3号图，出图比例1∶100（图12-1）。

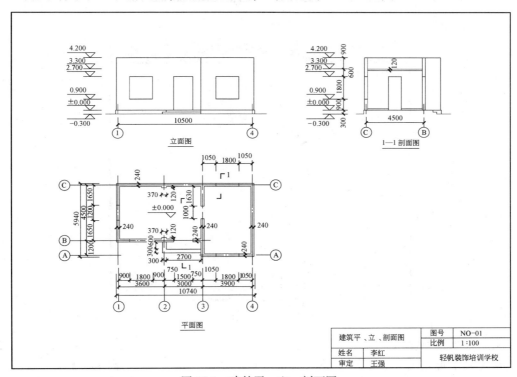

图 12-1 建筑平、立、剖面图

**步骤1. 设置绘图环境**

（1）打开一张新图

单击标准工具条📃新建按钮，打开"选择样板"窗口，在名称列表中双击公制的"acadiso"打开新图（图12-2）。

（2）设定长度单位，角度方向。

单击"格式"→"单位"，打开"图形单位"窗口，设定单位精度为"0"，缩放拖放内容的单位："毫米"，角度默认逆时针为正（图12-3）。

（3）设定绘图区域

命令：limits

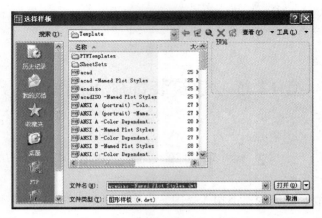

图 12-2  选择"acadiso"样文件

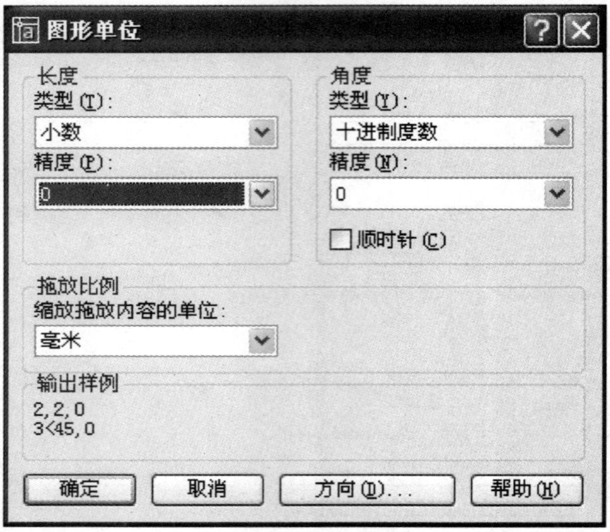

图 12-3  设置图形单位

重新设置模型空间界限：

指定左下角点或［开（ON）/关（OFF）］<0，0>：                          【Enter】

指定右上角点<420，297>：42000，29700                        输入 42000，29700

因为出图比例是 1：100，所以 3 号图纸 420，297 的实际绘图区域是 42000，29700。

（4）建立图层

命令：layer

打开"图层特性管理器"窗口，创建轴线、墙线、门窗、文字、标注、图框等图层，设定轴线图层的线型为"ACAD-ISO04W100"，墙线的线宽度为"0.6"粗实线，地平线的线宽度为"0.9"特粗线。（图 12-4）。

命令：linetype

打开"线型管理器"窗口，设定"全局比例因子"和"当前对象缩放比例"都为 50（图 12-5）。

（5）创建文字样式

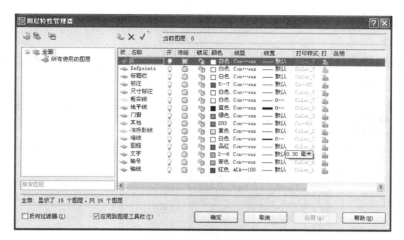

图 12-4　建立图层

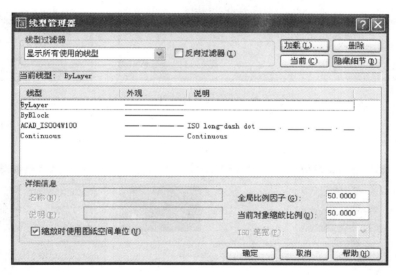

图 12-5　选择线型

命令：style

打开"文字样式"窗口，新建字体中文字体"W"和数字"S"，注意两种字体的宽度比例不同（图 12-6、图 12-7）。

图 12-6　新建中文样式"W"

图 12-7　新建数字文字样式"S"

（6）创建标注样式

命令：dimstyle

打开"标注样式管理器"窗口，单击"新建"按钮，打开"创建新标注样式"窗口，将"新样式名"改为"100"，100寓意1∶100的比例，凡1∶100的图形都可用的此样式标注（图12-8）。

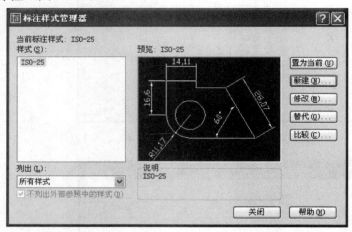

图12-8　创建尺寸标注样式"100"

单击"继续"单开"修改标注样式：100"窗口，如图12-9所示。在"直线和箭头""文字""调整"选项卡中进行调整。

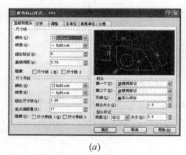
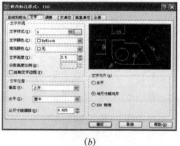
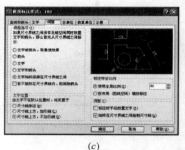

(a)　　　　　　　　　　(b)　　　　　　　　　　(c)

图12-9　标注样式设置

(a)"直线和箭头"设置；(b)"文字"设置；(c)"调整"设置

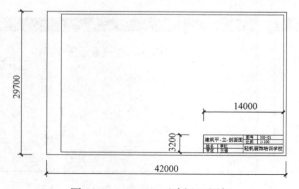

图12-10　1∶100比例A3图框

**步骤2. 绘制图框和标题栏**

（1）绘制图框（图12-10）

➤ 命令：rectang（图12-11，a）

指定第一个角点或［倒角（C）/标高（E）/圆角（F）/厚度（T）/宽度（W）］：0，0

指定另一个角点或［尺寸（D）］：42000，29700

➤ 命令：offset（图12-11，b）

指定偏移距离或［通过（T）］：500

选择要偏移的对象或＜退出＞：　　　　　　　　　　　　　选取矩形

指定点以确定偏移所在一侧：　　　　　　　　　　　　选取　矩形内一点

➢ 命令：explode

选择对象：找到 1 个　　　　　　　　　　　　　　　选取小矩形

选择对象：

命令：move［图 12-11（c）］

选择对象：找到 1 个　　　　　　　　　　　　　　　　选取 1 点

指定基点或位移：指定位移的第二点或＜用第一点作位移＞：2000

➢ 命令：fillet（图 12-11，d）

当前设置：模式＝修剪，半径＝0

选择第一个对象或［多段线（P）/半径（R）/修剪（T）/多个（U）］：

选择第二个对象：

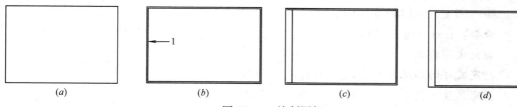

$(a)$　　　　　　　$(b)$　　　　　　　$(c)$　　　　　　　$(d)$

图 12-11　绘制图框

（a）绘 42000×29700 矩形；（b）偏移并分解矩形；（c）移动直线；（d）修剪角线

（2）绘制标题栏（图 12-12）

➢ 命令：rectang

指定第一个角点或［倒角（C）/标高（E）/圆角（F）/厚度（T）/宽度（W）］：

选取图框右下角

指定另一个角点或［尺寸（D）］：@-14000，3200

➢ 命令：EXPLODE

选择对象：找到 1 个　　　　　　　　　　　　　　　选取矩形

➢ 命令：o

offset

指定偏移距离或［通过（T）］＜800＞：800

➢ 命令：o

offset

指定偏移距离或［通过（T）］＜800＞：7000

➢ 命令：o

offset

指定偏移距离或［通过（T）］＜7000＞：2500

➢ 命令：trim

当前设置：投影＝UCS，边＝无

选择剪切边···
选择对象：指定对角点：找到 2 个

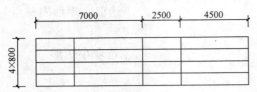
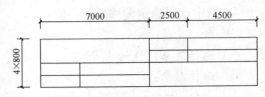

图 12-12

➢ 命令：text（图 12-13）
当前文字样式： w 当前文字高度： 200
指定文字的起点或［对正（J）/样式（S）］：
指定高度＜200＞：1000                                          输入文字高度 1000
指定文字的旋转角度＜0＞：
输入文字：建筑平、立、剖面图
输入文字：轻帆装饰培训学校
➢ 命令：text（图 12-13）
当前文字样式： w 当前文字高度： 200
指定文字的起点或［对正（J）/样式（S）］：
指定高度＜200＞：700
指定文字的旋转角度＜0＞：
输入文字：姓名 审定 图号 比例

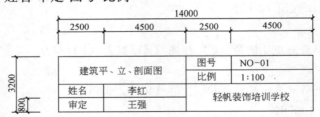

图 12-13 标题栏

➢ 命令：qsave
保存图框。

**步骤 3. 绘制平面图**
**（1）绘制轴线**（图 12-14）
将图层中的"轴线"置为当前层，以纵轴为例（图 12-15）。
➢ 绘制第一条纵轴
打开正交【F8】
命令：line
指定第一点：                                          选取绘图区左下点
指定下一点或［放弃（U）］：10000（近似尺寸）     沿 Y 方向
➢ 偏移第二条纵轴

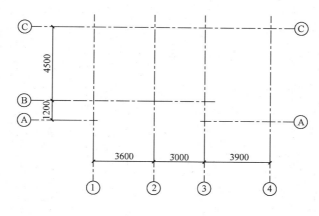

图 12-14　绘轴线

命令：offset

指定偏移距离或［通过（T）］＜0＞：3600

选择要偏移的对象或＜退出＞：　　　　　　　　　　　　　选取 1 点

指定点以确定偏移所在一侧：　　　　　　　　　　　　　拾取右侧

➢ 偏移第三条纵轴

命令：offset

指定偏移距离或［通过（T）］＜3600＞：3000

选择要偏移的对象或＜退出＞：　　　　　　　　　　　　选取 2 点

指定点以确定偏移所在一侧：　　　　　　　　　　　　　拾取右侧

➢ 偏移第四条纵轴（图 12-15）

命令：offset

指定偏移距离或［通过（T）］＜3000＞：3900

选择要偏移的对象或＜退出＞：　选取 2 点

指定点以确定偏移所在一侧：　拾取右侧

➢ 画定位轴线号圆

命令：circle

指定圆的圆心或［三点（3P）/两点（2P）/相切、相切、半径（T）］：

指定圆的半径或［直径（D）］：400

➢ 标注轴线号（图 12-16）

命令：text

当前文字样式：　w　当前文字高度：　　1000

指定文字的起点或［对正（J）/样式（S）］：s　　　　　　选取 S 模式

输入样式名或［?］＜w＞：s　　　　　　　　　　选取 "S" 文字模式

当前文字样式：　s　当前文字高度：　　200　　　　　指定标注起点

指定文字的起点或［对正（J）/样式（S）］：　　　　　输入文字字高 500

指定高度＜200＞：450

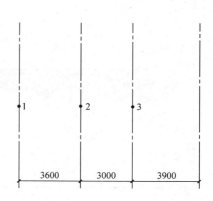

图 12-15　绘纵轴线

指定文字的旋转角度 <0>：

输入文字：1

➤ 复制轴线编号

命令：copy

➤ 编辑轴线号（图 12-16）

命令：ddedit

选择注释对象或 [放弃（U）]：

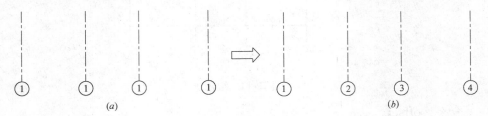

图 12-16　标注轴线号

(*a*) 复制轴线；(*b*) 修改轴号 2、3、4

**(2) 绘制墙线**

➤ 设定多线样式

命令：mlstyle　　　　　　　　　　　　　　　　　　打开"多线样式"窗口

设置"240"样式（图 12-17）

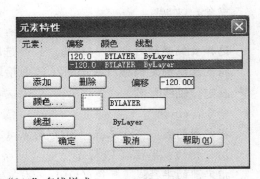

图 12-17　设置"240"多线样式

设置"370"样式（图 12-18）。

➤ 画墙线（图 12-19）

命令：mline

当前设置：对正＝上，比例＝20.00，样式＝370

指定起点或 [对正（J）/比例（S）/样式（ST）]：　st　　　　　　样式模式

输入多线样式名或 [?]：　240　　　　　　　　　　　"240"样式

当前设置：对正＝上，比例＝20.00，样式＝240

236

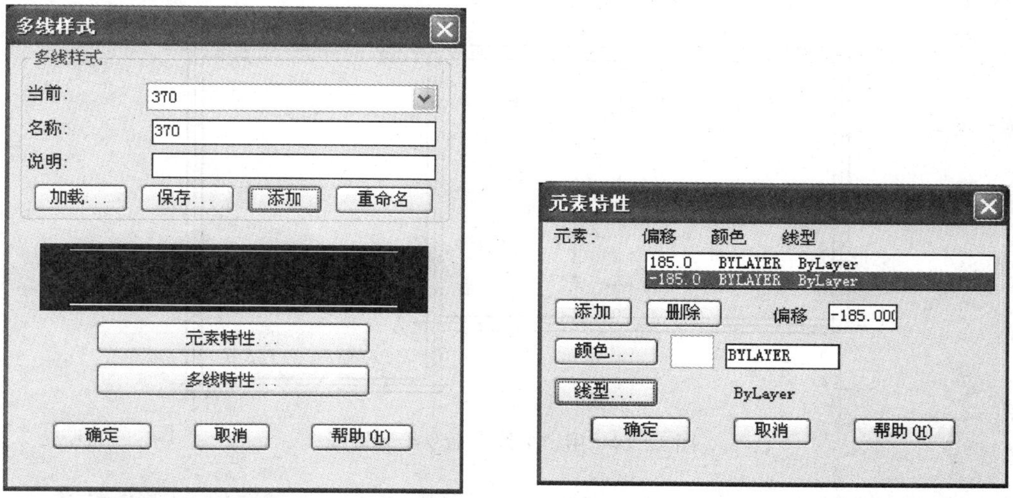

图 12-18  设置"370"多线样式

指定起点或［对正（J）/比例（S）/样式（ST）］： s　　　　　　　　　　比例模式

输入多线比例＜20.00＞： 1　　　　　　　　　　　　　　　　　　　　比例＝1

当前设置：对正＝上，比例＝1.00，样式＝240

指定起点或［对正（J）/比例（S）/样式（ST）］： j　　　　　　　　　　对正模式

输入对正类型［上（T）/无（Z）/下（B）］＜上＞： z　　　　　　　　无对齐

当前设置：对正＝无，比例＝1.00，样式＝240

指定起点或［对正（J）/比例（S）/样式（ST）］：　　　　　　绘线（捕捉轴线交点）

指定下一点：

指定下一点或［放弃（U）］：

指定下一点或［闭合（C）/放弃（U）］：

➢ 画墙垛（370×120）

命令：mline

当前设置：对正＝无，比例＝1.00，样式＝240

指定起点或［对正（J）/比例（S）/样式（ST）］： st　　　　　　　　样式模式

输入多线样式名或［?］： 370　　　　　　　　　　　　　　　　"370"样式

其他与墙线相同。

➢ 墙线修剪

命令：mledit

打开"多线编辑工具"窗口，选择"角点结合"或"T形打开"修剪（图 12-20、图 12-21）。

**(3) 绘窗**（图 12-22）

➢ 分解墙线

命令：explode

➢ 开窗洞

偏移轴线

237

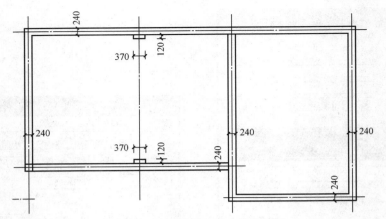

图 12-19　用"多线"命令绘制墙线

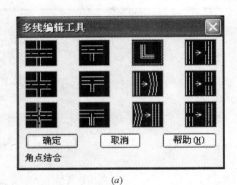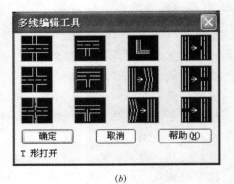

(a)　　　　　　　　　　　　(b)

图 12-20　"多线编辑工具"对话框

（a）选择"角点结合"；（b）选择"T 型打形"

图 12-21　修剪后墙线

命令：offset

指定偏移距离或［通过（T）］＜通过＞：900

修剪墙线

命令：trim

➢ 选择窗图层画窗

命令：line

命令：offset

指定偏移距离或［通过（T）］＜通过＞：80

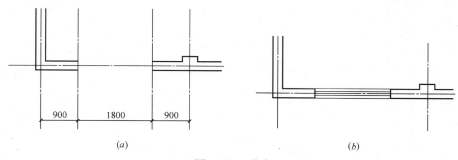

(a)                                       (b)

图 12-22　绘窗

(a) 开窗洞；(b) 绘窗线

**(4) 绘门**（图 12-23）

开门洞与窗相同，下面直接画门。

命令：line 指定第一点：

指定下一点或［放弃（U）］：1000

命令：arc

指定圆弧的起点或［圆心（C）］：　　　　捕捉起点

指定圆弧的第二个点或［圆心（C）/端点（E）］：c　圆心模式

指定圆弧的圆心：　　　　　　　　　　捕捉圆心

指定圆弧的端点或［角度(A)/弦长(L)］：　捕捉端点

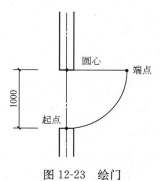

**步骤 4. 绘制立面图**

图 12-23　绘门

**(1) 绘外墙皮线**（图 12-24）

➢ 竖向线绘制：

采用打开"极轴""对象捕捉""对象追踪"结合平面图对应地画出。

➢ 横向线绘制：

画地平线后

命令：OFFSET

指定偏移距离或［通过（T）］＜80＞：300

依次偏移 300、900、1800、600、900。

**(2) 绘立面窗**（图 12-25）

➢ 竖向定位线（方法与外墙皮竖向线相同）

➢ 画门窗和室外台阶

**步骤 5. 绘制剖面图**

**(1) 画轴线、墙线、室外地平线、室内"0"高度线**（图 12-26a）。

**(2) 画室外台阶、外墙皮线、楼板**（图 12-26b）。

**(3) 画门窗、踢角线**（图 12-26c）。

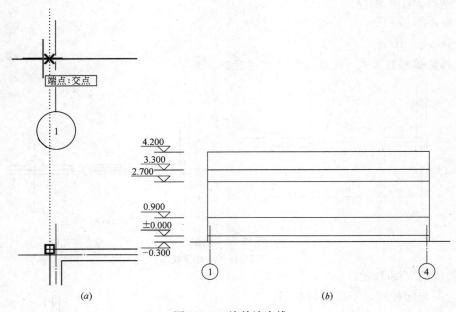

图 12-24 绘外墙皮线

(a) 追踪绘外墙皮线；(b) 绘地平线及水平高度线

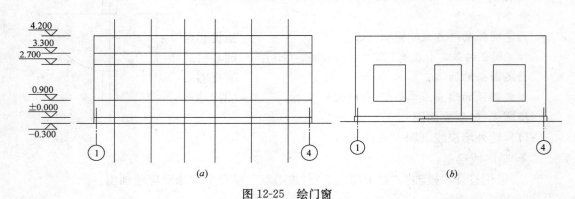

图 12-25 绘门窗

(a) 绘门窗竖向定位线；(b) 绘门窗及室外台阶

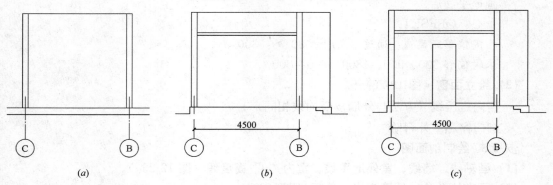

图 12-26 绘剖面图

(a) 绘轴线、室内外地面线和墙线；(b) 绘室外台阶，外墙皮线和楼板；(c) 绘门窗和踢角线

**步骤 6. 标注**

（1）尺寸标注（图 12-27）

选择标注样式"100"

➢ 命令：dimlinear

  指定第一条尺寸界线原点或＜选择对象＞：       选取 1 点

  指定第二条尺寸界线原点：         追踪选取 2 点

  指定尺寸线位置或

  ［多行文字（M）/文字（T）/角度（A）/水平（H）/垂直（V）/旋转（R）］：

  标注文字＝900

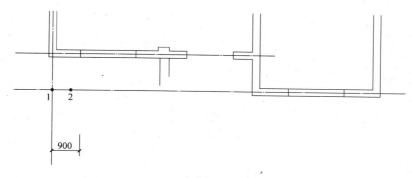

图 12-27　线性尺寸标准

➢ 命令：dimcontinue（图 12-28）

  选择连续标注：

  指定第二条尺寸界线原点或［放弃（U）/选择（S）］＜选择＞：  追踪选取 3 点

  标注文字＝1800

  指定第二条尺寸界线原点或［放弃（U）/选择（S）］＜选择＞：  追踪选取 4 点

  标注文字＝900

  指定第二条尺寸界线原点或［放弃（U）/选择（S）］＜选择＞：  追踪选取 5 点

  标注文字＝750

  指定第二条尺寸界线原点或［放弃（U）/选择（S）］＜选择＞：  追踪选取 6 点

  标注文字＝1500

  指定第二条尺寸界线原点或［放弃（U）/选择（S）］＜选择＞：   选取 7 点

  标注文字＝750

  指定第二条尺寸界线原点或［放弃（U）/选择（S）］＜选择＞：   选取 8 点

  标注文字＝1050

  指定第二条尺寸界线原点或［放弃（U）/选择（S）］＜选择＞：   选取 9 点

  标注文字＝1800

  指定第二条尺寸界线原点或［放弃（U）/选择（S）］＜选择＞：  选取 10 点

  标注文字＝1050

  指定第二条尺寸界线原点或［放弃（U）/选择（S）］＜选择＞：   【Enter】

其他标注类同。

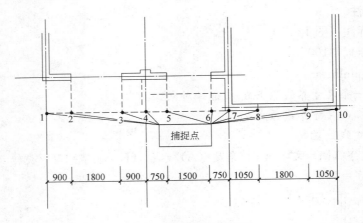

图 12-28　平面图尺寸标注

（2）标注标高

➤ 绘制标高符号。

利用"极轴""对象追踪"绘制标高符号（图 12-29）。

图 12-29　绘标高

（a）标高符号；（b）标高 45°斜线画法

➤ 标注"±0.000"。

命令：text

当前文字样式：　w　当前文字高度：　1000

指定文字的起点或［对正（J）/样式（S）］：s　　　　　　　　　　　选取"S"模式

输入样式名或［?］＜w＞：s　　　　　　　　　　　　　　　选取"S"文字模式

当前文字样式：　s　当前文字高度：　200

指定文字的起点或［对正（J）/样式（S）］：　　　　　　　　　　选取标注起点

指定高度＜200＞：200　　　　　　　　　　　　　　　　　　　设定字高 200

指定文字的旋转角度＜0＞：　　　　　　　　　　　　　　　　　　【Enter】

输入文字：％％p0.000　　　　　　　　　　　　　　　　　　　输入±0.000

➤ 复制标高符号

➤ 修改标高值

命令：ddedit

选择注释对象或［放弃（U）］：

剖面图的标高标注与立面图相同，所以可以复制绘制，平面图的"±0.000"也可以复制（图 12-30）。

（3）标注图名，以平面图为例（图 12-31）

命令：text

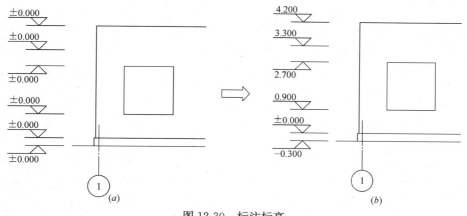

图 12-30　标注标高

(a) 复制标高；(b) 修改标高值

当前文字样式：　s　当前文字高度：1000

指定文字的起点或［对正 (J)/样式 (S)］：s

输入样式名或［?］＜w＞：w

当前文字样式：　w　当前文字高度：1000

指定文字的起点或［对正 (J)/样式 (S)］：

指定高度＜1000＞：700

指定文字的旋转角度＜0＞：

输入文字：平面图

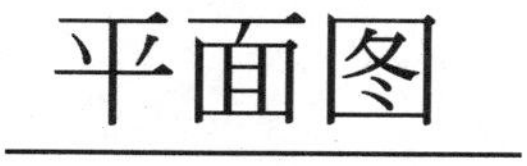

# 平面图

图 12-31　标注图名

## 12.2　装饰装修平面图

### 12.2.1　主体结构平面图

**步骤 1. 绘制轴网和轴号**（图 12-32）

**步骤 2. 绘制墙线**（图 12-33）

**步骤 3. 绘制门窗**（图 12-34）

（1）开门窗洞

有两种方法。

第一种方法：分解多线→偏移轴线确定窗洞位置→修剪门窗洞位置的墙线→删除偏移轴线（图 12-35）。

- ➤ 命令：explode　　　　　　　　　　分解墙线
- ➤ 命令：offset　　　　　　　　　　偏移轴线确定门窗位置
- ➤ 命令：trim　　　　　　　　　　　修剪墙线
- ➤ 命令：erase　　　　　　　　　　删除偏移轴线

第二种方法：偏移轴线确定窗洞位置→利用多线编辑命令开窗洞→删除偏移轴线（图 12-36）。

- ➤ 命令：offset　　　　　　　　　　偏移轴线确定门窗位置

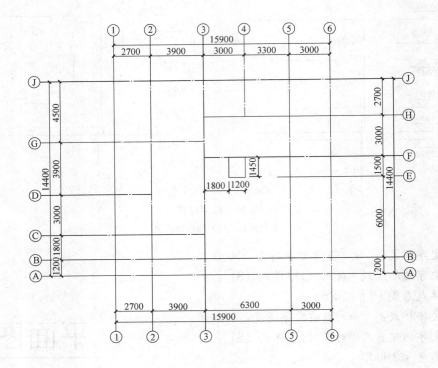

图 12-32　绘轴网与轴号

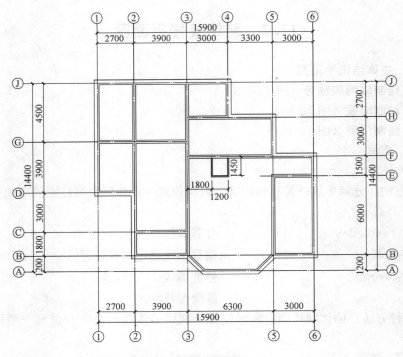

图 12-33　绘墙线

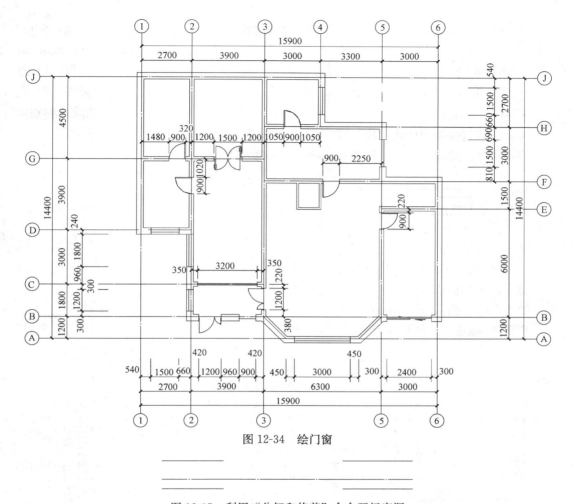

图 12-34　绘门窗

图 12-35　利用"分解和修剪"命令开门窗洞

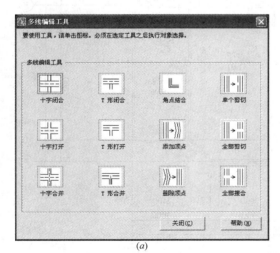

(a)

(b)

图 12-36　利用"多线编辑工具"开门窗洞

(a) 选"全部剪切"；(b) 剪切面 2 点

➤ 命令：mledit          打开"多线编辑工具"对话框（图 12-36）选择            全部剪切（修改墙线）

    选择多线：    _int 于                     捕捉（1）点

    选择第二个点：    _int 于              捕捉（2）点

➤ 命令：erase                                 删除偏移轴向

（2）绘制门窗并制作成"块"（图 12-37）

使用命令：绘线（line）、绘圆弧（arc）创建块（block）。

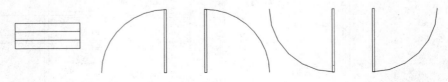

图 12-37　绘门窗并制作成"块"

（3）插入门窗块

使用命令：插入块（insert）。

**步骤 4. 标注文字说明和尺寸**（图 12-38）

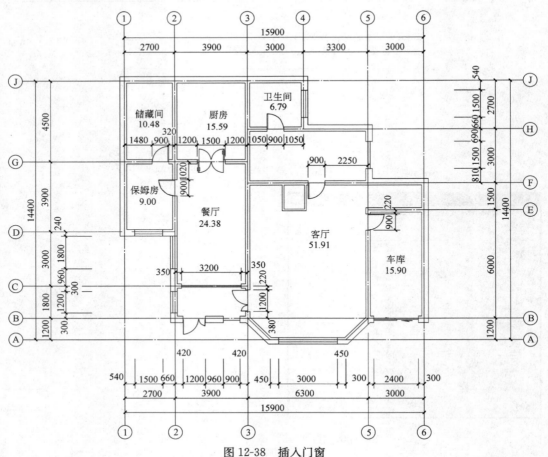

图 12-38　插入门窗

246

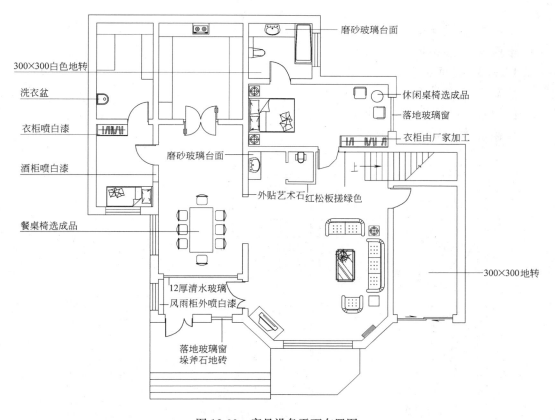

图 12-39  家具设备平面布置图

标注文字：
磨砂玻璃台面
300×300白色地转
洗衣盆
衣柜喷白漆
酒柜喷白漆
餐桌椅选成品
磨砂玻璃台面
外贴艺术石红松板搓绿色
休闲桌椅选成品
落地玻璃窗
衣柜由厂家加工
上
12厚清水玻璃
风雨柜外喷白漆
落地玻璃窗
埝斧石地砖
300×300地转

## 12.2.2  家具设备平面布置图（图 12-39）

## 步骤 1. 绘制家具设备图并制作成块（图 12-40）

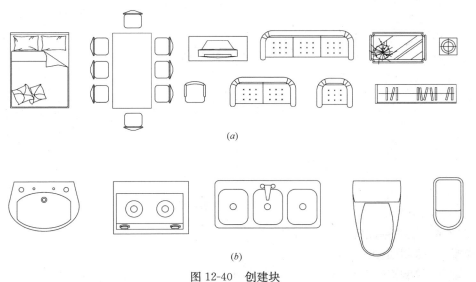

(a)

(b)

图 12-40  创建块
（a）家具图块；（b）厨房、卫生间设备图块

**步骤 2. 插入家具设备块**

**步骤 3. 标注说明**

**12.2.3 地面装修图**（图 12-41）

**步骤 1. 填充地面图案**

使用命令：图案填充（bhatch）

**步骤 2. 标注地面装修材料**

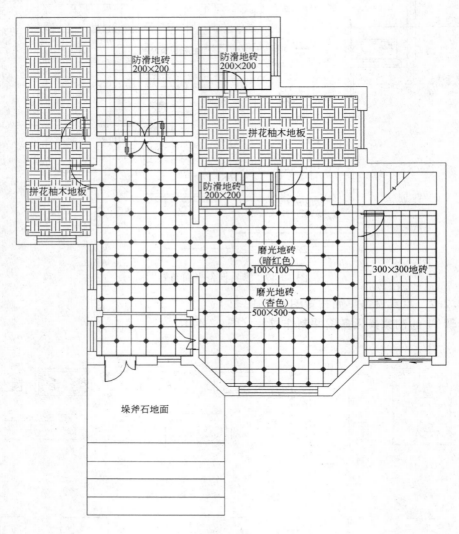

图 12-41 地面装修图

**12.2.4 顶棚平面图**（图 12-42）

**步骤 1. 绘制顶棚造型轮廓线**

**步骤 2. 绘制灯饰及设备并制作成块**（图 12-43）

**步骤 3. 标注材料做法说明**

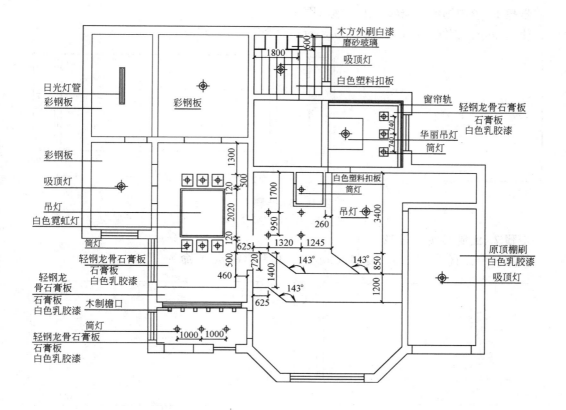

图 12-42　顶棚平面图

图 12-43　灯具设备图

## 12.3　装饰装修剖立面图

绘制装修剖立面图（图 12-44）。

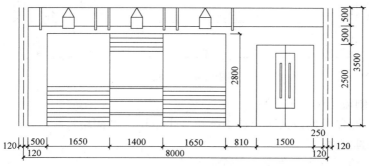

图 12-44　装修剖面图

**步骤 1. 绘制轴线、墙线、地面线**（图 12-45）

使用命令：直线（line）、偏移（offset）命令。

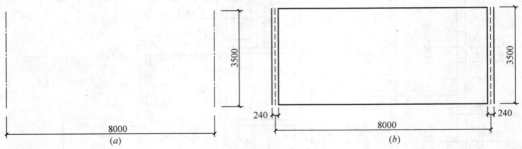

图 12-45　步骤 1

（a）绘轴线；（b）绘地面线、墙线

**步骤 2. 绘制吊顶**（图 12-46）

使用命令：直线（line）、复制（copy）、偏移（offset）命令。

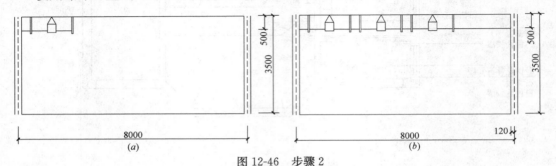

图 12-46　步骤 2

（a）绘吊顶及灯具；（b）复制吊顶及灯具

**步骤 3. 绘制门窗立面**（图 12-47）

使用命令：直线（line）、复制（copy）、偏移（offset）、镜像（mirror）命令。

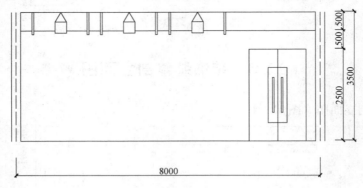

图 12-47　步骤 3

**步骤 4. 绘制墙上饰物及造型**

使用命令：绘制及修改命令、徒手画线（sketch）（本图略）。

**步骤 5. 家具立面**

使用命令：绘制及修改命令。

# 上 机 练 习

## 12-1　绘制沙发茶几组合图

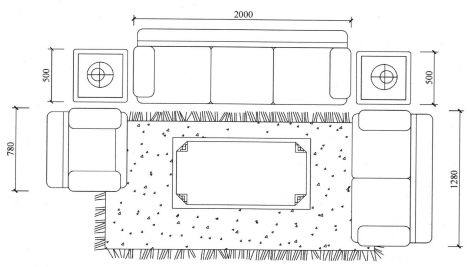

## 12-2　绘制两人餐桌椅图

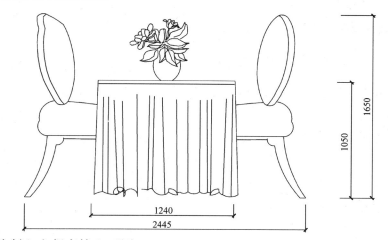

## 12-3　绘制六人餐桌椅立面图

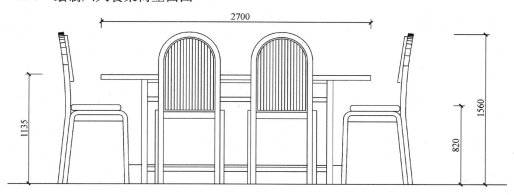

## 12-4 绘制卧室床和床头柜立面图

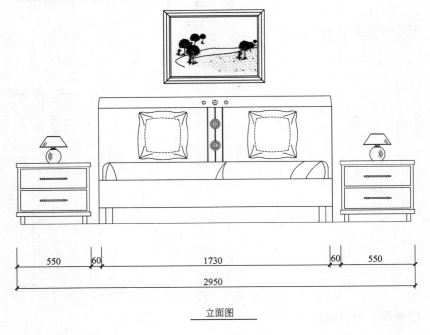

| 550 | 60 | 1730 | 60 | 550 |

2950

立面图

## 12-5 绘制卧室床和床头柜平面图

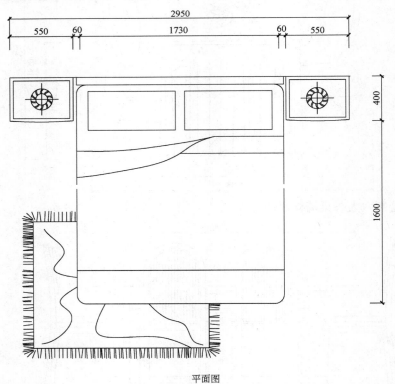

平面图

## 12-6　绘制卧室床和床头柜侧面图

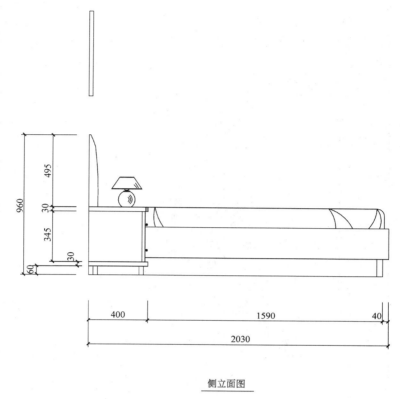

侧立面图

## 12-7　绘制客厅立面图

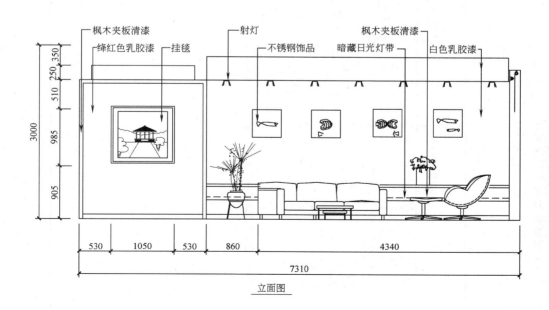

立面图

12-8 绘制某公司平面布置图

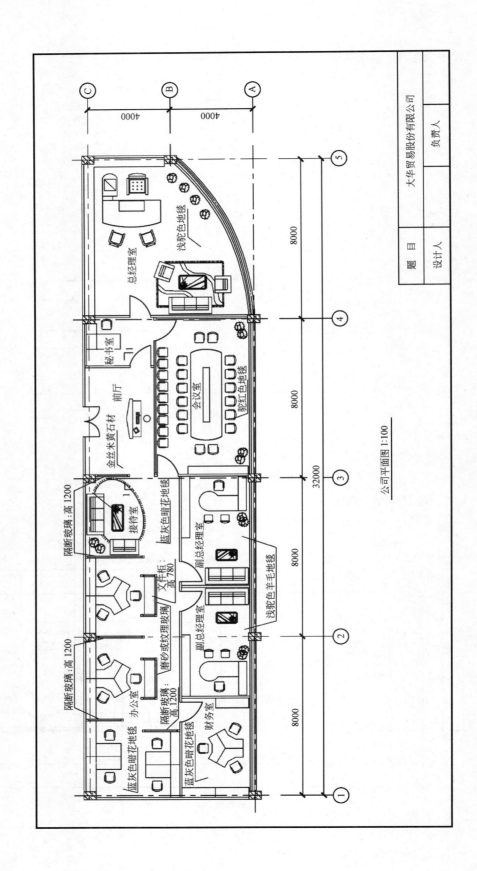

公司平面图 1:100

| 题 目 | 大华贸易股份有限公司 |
| 设计人 | 负责人 |

12-9 绘制某公司顶棚平面图

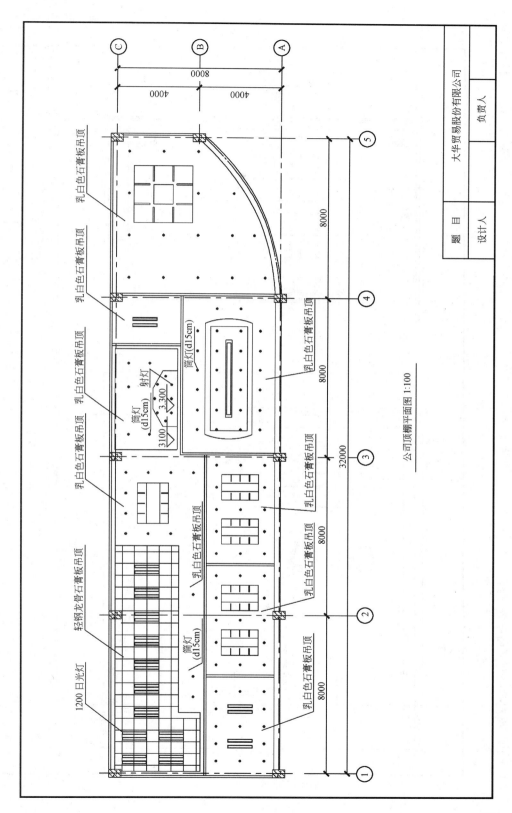

公司顶棚平面图 1:100

大华贸易股份有限公司

| 题 目 | | 负责人 | |
|---|---|---|---|
| 设计人 | | | |

255

12-10 绘制某公司平面布置详图

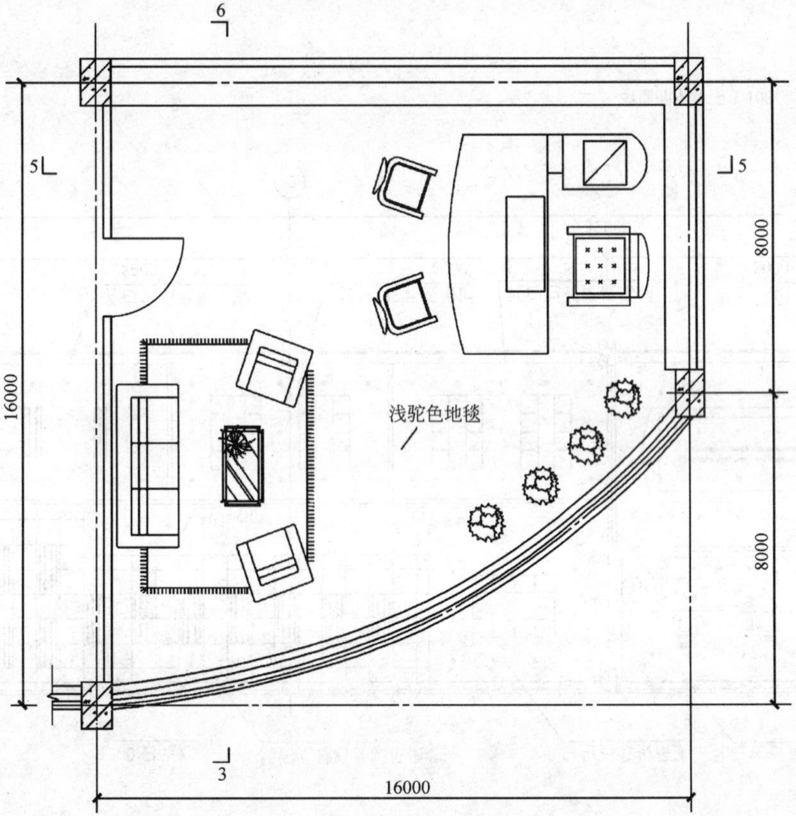

会议室平面图 1:50

16000

9600

2

3

4

4

2

3

深色柚木板
贴面会议桌

屏幕

驼红色地毯

磨砂玻璃

总经理室平面图 1:50

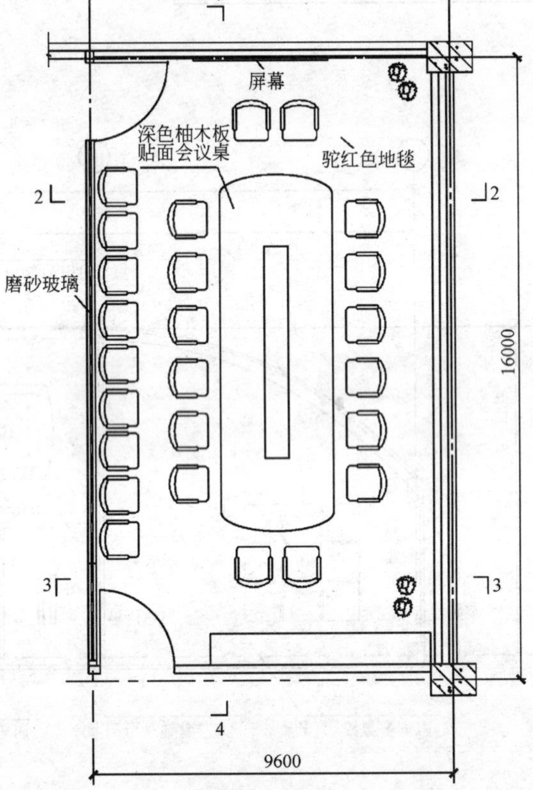

8000

8000

16000

16000

5

5

6

3

浅驼色地毯

| 题 目 | 大华贸易股份有限公司 |
| 设计人 | 负责人 |

256

12-11 绘制某公司顶棚详图

乳白色石膏板吊顶

拉丝不锈钢造型吊顶

乳白色石膏板吊顶

筒灯
(d15cm)

3.300

2.950

3.150

8000
600 840 150 3600 150 840 300
1020 300

1750 1000

200
50 50

950

720

720

250
1100
250
1800
9500
250
1100
100

会议室顶棚 1:50

乳白色石膏板吊顶

磨砂玻璃

3.200

银灰色塑铝板
制磨砂玻璃
吊顶支架

3.300

筒灯 (d15cm)

16000
2800 3000 1600 3000 1400

1500

2850

800 1690

2540
5240
16000
2840

总经理室顶棚 1:50

大华贸易股份有限公司

负责人

题目

设计人

257

# 第 13 章 图形的打印

在 AutoCAD 2006 中制作完成的图形，可以生成电子图版保存，也可以作为原始模型导入到其他软件（如 3d max、Photoshop 等）中进行处理，但最为重要的应用还是打印出图。图形绘制和打印流程分为两种：

**1. 仅用"模型"空间**（不建议方式）

新图→插入图框或样板文件→图形绘制和编辑→图案填充、文字注释→尺寸标注→打印输出。

**2. 活用"模型"空间＋"图纸"空间**（建议方式）

"模型"空间：新图→图形绘制和编辑→图案填充、文字注释→尺寸标注

"图纸"空间：建立"布局"→插入图框→建立"浮动视口"→调整视口比例、尺寸标注、锁定→添加注释或图形→选择打印设备和打印样式→打印"布局"。

## 13.1 新 建 布 局

创建并修改图形布局选项卡（表 13-1）。

表 13-1

| 命令 | layout | 快捷键 | 无 |
|---|---|---|---|
| 图标 | 布局工具栏 | | |
| 菜单 | 插入→布局→新建布局 | | |
| 快捷菜单 | 在 模型 布局1 选项卡单击鼠标右键选择"新建布局" | | |

命令：layout

输入布局选项［复制（C）/删除（D）/新建（N）/样板（T）/重命名（R）/另存为（SA）/设置（S）/?］＜设置＞：

**选项说明**

♥ **复制（C）**：复制布局。

♥ **删除**：删除布局。

♥ **新建（N）**：创建新的布局选项卡。

输入布局选项［复制（C）/删除（D）/新建（N）/样板（T）/重命名（R）/另存为（SA）/设置（S）/?］＜设置＞：n　　　　　　　　新建模式

输入新布局名＜布局 3＞：A3-LX　　　　　　　新布局名（图 13-1）

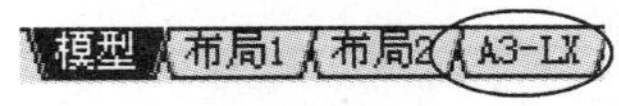

模型 布局1 布局2 A3-LX

图 13-1　新建布局

♥ **样板（T）**：取用 DWT 样板文件内的布局。

♥ **另存为（SA）**：将布局存成 DWT 样板文件。

♥ **设置**：设置当前布局。

# 13.2 利用"创建布局向导"创建布局

创建新的布局选项卡并指定页面和打印设置（表 13-2）。

表 13-2

| 命令 | layoutwizard | 快捷键 | 无 |
|------|--------------|--------|-----|
| 菜单 | 插入→布局→创建布局向导<br>工具→向导→创建布局 | | |

**使用说明**

命令：layoutwizard

♥ **"创建布局—开始"对话框**：输入新布局名称"A4-XL"（图 13-2）。

♥ **"打印机"页面**：选择打印机或绘图仪（图 13-3）。

图 13-2 "创建布局—开始"对话框          图 13-3 "打印机"页面

♥ **"图纸尺寸"页面**：选择图纸尺寸，在此选择 A4（297×210）（图 13-4）。

♥ **"方向"页面**：选择图形在图纸上的方向，这里选择"横向"（图 13-5）。

♥ **"标题栏"页面**：选择与图纸尺寸匹配的标题栏（图 13-6）。

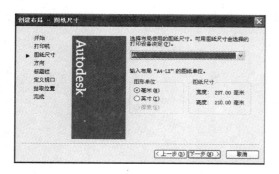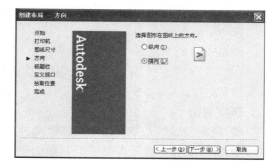

图 13-4 "图纸尺寸"页面          图 13-5 "方向"页面

♥"**定义视口**"页面：设置该布局视口的类型及比例等（图 13-7）。

♥"**拾取位置**"页面：选择视口配置的角点（图 13-8）。

♥"**完成**"页面（图 13-9）。

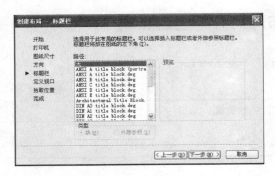

图 13-6 "标题栏"页面

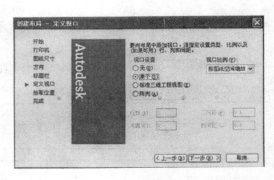

图 13-7 "定义视口"页面

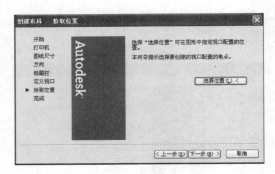

图 13-8 "拾取位置"页面

图 13-9 "完成"页面

## 13.3 建 立 视 口

创建和控制布局视口（表 13-3）。

表 13-3

| 命令 | mview | 快捷键 | MV |
| --- | --- | --- | --- |

命令：mview

指定视口的角点或

［开（ON）/关（OFF）/布满（F）/着色打印（S）/锁定（L）/对象（O）/多边形（P）/恢复（R）/2/3/4］＜布满＞：

**选项说明**

♥ **指定视口的角点**：建立矩形浮动视口。

♥ **开（ON）**：打开浮动视口，模型空间中的对象可见。

♥ **关（OFF）**：关闭浮动视口，模型空间的对象不可见。

♥ **布满（F）**：建立一个布满布局图纸的浮动视口。

♥ **着色打印（S）**：指定 3D 图形打印着色形式。

♥ **锁定（L）**：在模型空间工作时，禁止修改选定视口中的缩放比例因子。

♥ **对象（O）**：指定封闭的多段线、椭圆、样条曲线、面域或圆转换为浮动视口。

♥ **多边形（P）**：用指定的点创建具有不规则外形的浮动视口。

♥ **恢复（R）**：恢复已保存的命名视口分割。

♥ **2/3/4**：分割成 2 个或 3 个或 4 个浮动视口图 13-10。

|　2视口　|　　|　3视口　|　　|　4视口　|

图 13-10

## 13.4　绘图仪管理器

添加或编辑绘图仪配置（表 13-4）。

表 13-4

| 命令 | plottermanager | 快捷键 | 无 |
|---|---|---|---|
| 菜单 | 文件→绘图仪管理器 | | |

**使用说明**

命令：plottermanager

♥ 打开"绘图仪管理器"对话框，双击"添加绘图仪向导"图标（图 13-11）。

♥ **"添加绘图仪—简介"页面**：单击"下一步"按钮（图 13-12）。

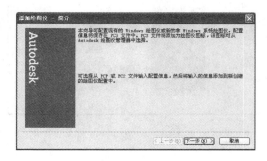

图 13-11　"绘图仪管理器"对话框　　　　图 13-12　"添加绘图仪—简介"页面

♥ **"开始"页面**：选中"我的电脑"选项（图 13-13）。

♥ **"绘图仪型号"页面**：选择添加的打印设备（图 13-14）。

♥ **"驱动程序信息"页面**：告知打印设备重要信息（图 13-15）。

♥ **"输入 PCP 或 PC2"页面**：是否输入 PCP 或 PC2 文件（图 13-16）。

♥ **"端口"页面**：设置端口（图 13-17）。

♥ **"绘图仪名称"页面**（图 13-18）。

♥ **"完成"页面**：编辑和校准绘图仪（图 13-19）。

♥ 单击"完成"按钮，在打印机管理器中出现配置的绘图仪图标（图 13-20）。

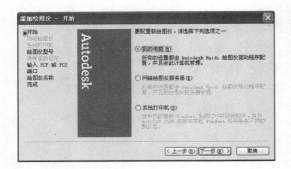

图 13-13 "开始"页面

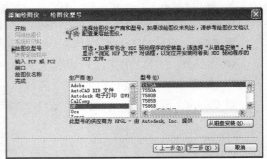

图 13-14 "绘图仪型号"页面

图 13-15 "驱动程序信息"页面

图 13-16 "输入 PCP 或 PC2"页面

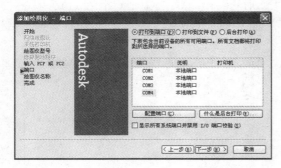

图 13-17 "端口"页面

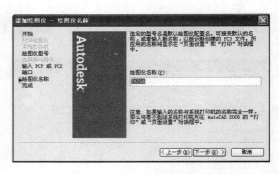

图 13-18 "绘图仪名称"页面

图 13-19 "完成"页面

图 13-20 配置的绘图仪

# 13.5 打印样式管理器

添加打印样式（表13-5）。

表 13-5

| 命令 | stylesmanager | 快捷键 | 无 |
|---|---|---|---|
| 菜单 | 文件→打印样式管理器 | | |

**使用说明**

命令：stylesmanager

♥ 打开"打印样式管理器"对话框，双击"添加打印样式向导"图标（图13-21）。

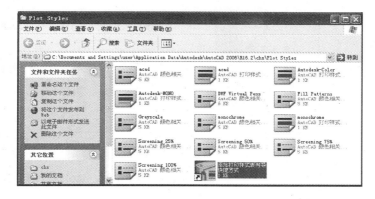

图13-21 "打印样式管理器"对话框

♥ **"添加打印样式表"页面**：单击"下一步"按钮（图13-22）。

♥ **"开始"页面**：选择"创建新打印样式表"（图13-23）。

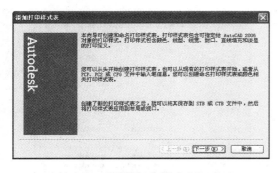

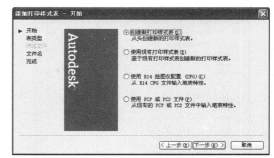

图13-22 "添加打印样式表"页面　　　　图13-23 "开始"页面

♥ **"选择打印样式表"页面**：选择用何种打印样式："颜色相关"或"命名"（图13-24）。

♥ **"文件名"页面**：输入打印样式表文件名称：A3-LX（图13-25）。

♥ **"完成"页面**：单击"打印样式编辑器"按钮（图13-26）。

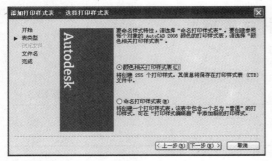

图 13-24 "选择打印样式表"页面

图 13-25 "文件名"页面

图 13-26 "完成"页面

♥ 打开"打印样式表编辑器"对话框→**"基本"选项卡**：显示打印样式表文件名、路径和版本相关信息（图 13-27）。

♥ **"表视图"选项卡**：以横向表格方式进行颜色对应图笔的视图显示和设置（图 13-28）。

♥ **"格式视图"选修卡**：以列表方式进行颜色对应图笔的视图和设置，对话框右边会显示选取的打印样式设置值（图 13-29）。

图 13-27 "打印样式表编辑器→基本"选项卡

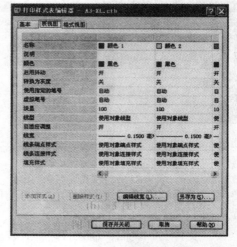

图 13-28 "打印样式表编辑器—表视图"选项卡

图 13-29　"打印样式表编辑器→格式视图"选项卡

♥ 单击"保存并关闭"按钮，返回"添加打印样式表"，单击"完成"（图 13-30）。
♥ 返回"打印机样式管理器"对话框，其中新添"AA.stb"样式（图 13-31）。

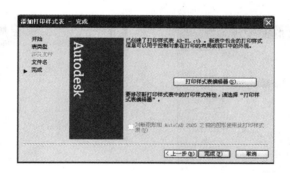

图 13-30

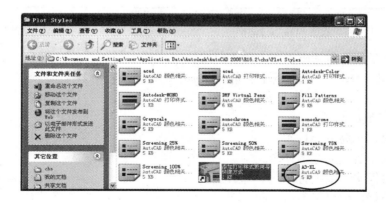

图 13-31　新添"A3—XL"打印样式

# 13.6　页　面　设　置

将常用的打印设置值保存以方便快速地打印（表13-6）。

表 13-6

| 命令 | pagesetup | 快捷键 | 无 |
|---|---|---|---|
| 图标 | 布局工具栏 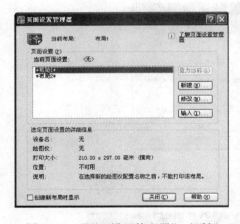 | | |
| 菜单 | 文件→页面设置管理器 | | |
| 快捷菜单 | 在 模型 布局1 选项卡单击鼠标右键选择"页面设置管理器" | | |

**1."页面设置管理器"对话框**（图13-32）

命令：pagesetup

♥ 打开"页面设置管理器"对话框，双击"新建"。

♥ 新建：建立新的页面设置名称（图13-33）。

建议名称：打印机名称＋图纸大小＋打印比例，单击"确定"打开"页面设置"对话框（图13-33）。

图 13-32　"页面设置管理器"对话框　　　　图 13-33　"新建页面设置"对话框

**2."页面设置"对话框说明**（图13-34）。

♥ 打印机/绘图仪：选择输出设备（图13-35）。

♥ 图纸大小：选择图纸大小尺寸（图13-36）。

♥ 打印区域（图13-37）

布局：根据布局范围打印。

窗口：根据窗选的范围打印。

范围：根据实际范围打印。

显示：根据当前显示画面打印。

♥ 打印偏移：$X$、$Y$ 坐标或居中，调整图形在图纸上的位置（图13-38）。

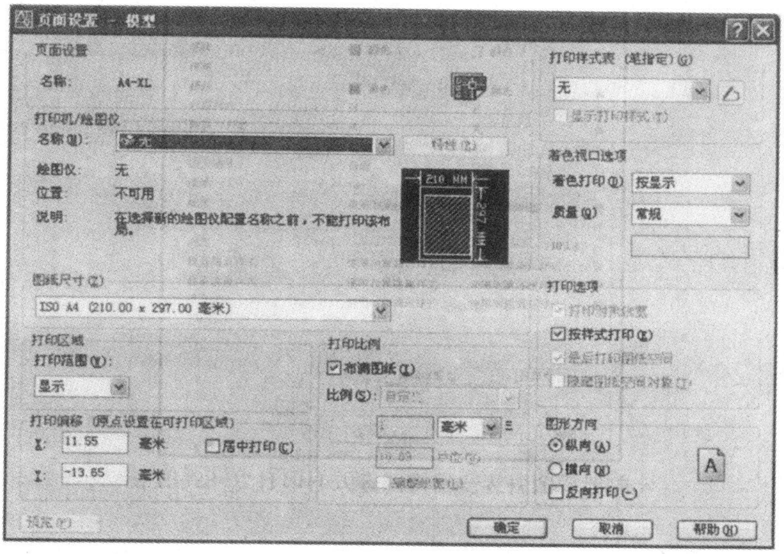

图 13-34　"页面设置"对话框

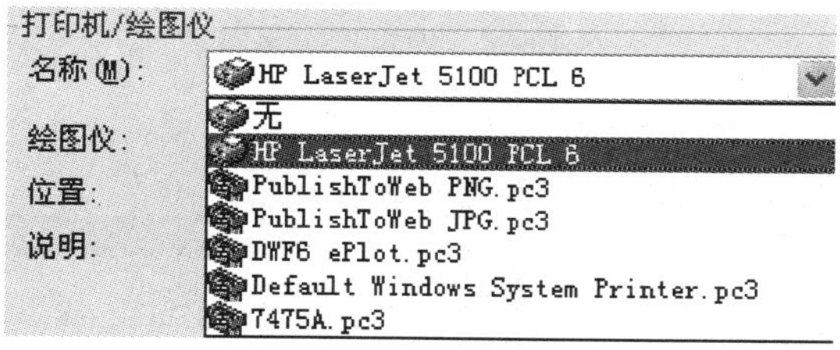

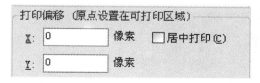

图 13-35　选择打印机或绘图仪

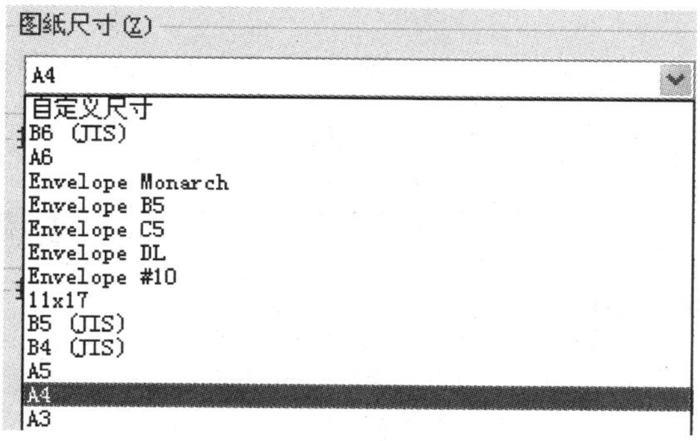

图 13-36　选择图纸大小

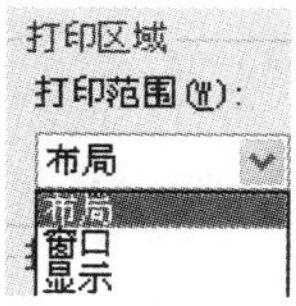

图 13-37　选择打印区域　　　　　图 13-38　设置打印偏移

图 13-39 设定打印比例

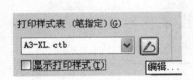 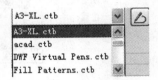

图 13-40 选择打印样式

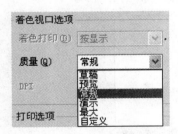

图 13-41 着色选择

♥ 打印比例：选择打印比例（图 13-39）。

♥ 打印样式表：选择打印对应的笔、颜色和线宽控制设置文件（图 13-40）。

♥ 着色视口选项：3D 着色时的视口处理，2D 时此处无关紧要（图 13-41）。

♥ 打印选项（图 13-42）。

♥ 图形方向：纵向、横向、反向打印（图 13-43）。

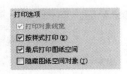 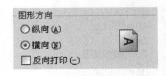

图 13-42 设置"打印选项"　　　　图 13-43 选择图形方向

# 13.7　打　　印

打印图形（表 13-7）。

表 13-7

| 命令 | plot | | 快捷键 | 【Ctrl】+P |
|---|---|---|---|---|
| 图标 | 标准工具栏 | | | |
| 菜单 | 文件→打印 | | | |
| 快捷菜单 | 在 模型 布局1 选项卡单击鼠标右键选择"打印" | | | |

图 13-44　"打印—模型"对话框

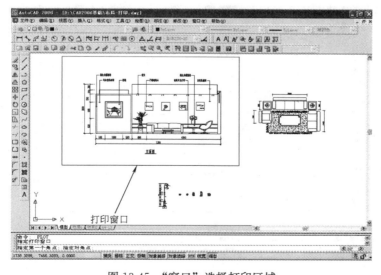

图 13-45　"窗口"选择打印区域

**1. 在"模型空间"打印**

在模型空间运行命令，打开"打印—模型"对话框（图 13-44）。

"打印—模型"对话框设置如下：

♥ 打印机——HP LeserJet 5100 PCL6。

♥ 图纸尺寸——A3。

♥ 打印区域——窗口模式。点击 <kbd>窗口(O)<</kbd> 返回绘图区，窗选打印区（图 13-45）。

♥ 打印偏移——居中。

♥ 打印样式——A3—XL.ctb。

♥ 打印比例——布满图纸。

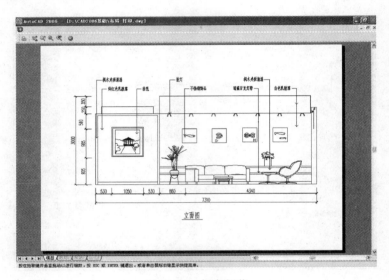

图 13-46　打印预览

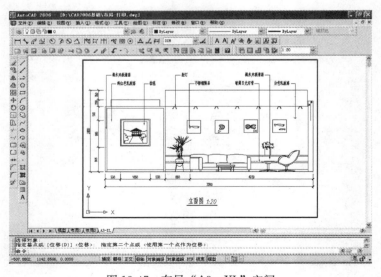

图 13-47　布局"A3—XL"空间

270

- 图形方向——横向。
- 预览——显示打印效果（图 13-46）。满意打印，不满意调整后打印。

**2. 在"布局空间"打印**

- 首先设置好"立面图"的布局空间——"A3—LX"（图 13-47）。
- 在图纸空间运行"打印"命令，打开"打印—A3—LX"对话框（图 13-48）。
- 选择打印机——HP LeserJet 5100 PCL6。
- 打印区域——布局模式。
- 选择打印样式——A3—XL.ctb。
- 预览——打印（图 13-49）。

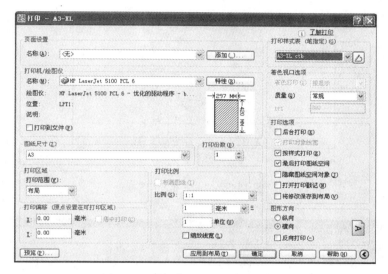

图 13-48 "打印—A3—XL"对话框

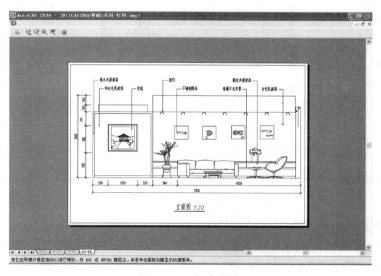

图 13-49 打印预览

# 13.8 范例—轻松"布局和打印"

**步骤1** 打开"新图",在"模型"空间绘制并保存"A4—LX"图框（不标注尺寸）（图13-50）。

**步骤2** 打开"新图",在"模型"空间完成下图（图13-51）。

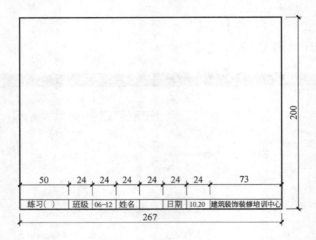

图13-50 "A4—LX"图框

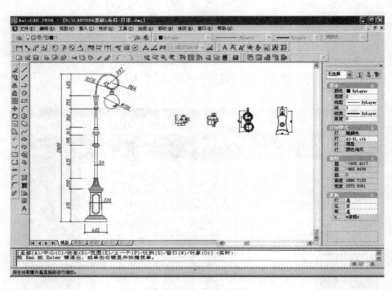

图13-51 打印图形

**步骤3** 创建新布局"A4—XL"（见13.2）。

**步骤4** 在布局"A4—XL"插入"A4—XL"图框。设置插入点"0,0",比例均"1",旋转角度"0"（图13-52）。

**步骤5** 建立五个视口（图13-53）。

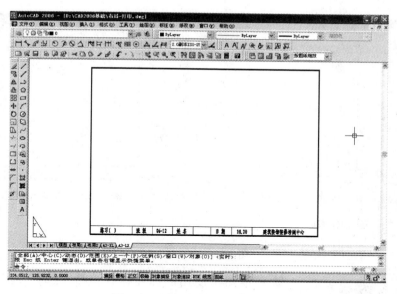

图 13-52　插入"A4—XL"图框

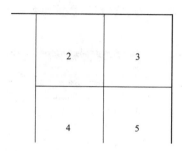

图 13-53　建立视口

命令：rectang　　　　　　　　　　　　　　　　　　　绘制五个矩形；

命令：mview

指定视口的角点或

［开（ON）/关（OFF）/布满（F）/着色打印（S）/锁定（L）/对象（O）/多边形（P）/恢复（R）/2/3/4］＜布满＞：o　　　　　　　　　　选取对象模式

选择要剪切视口的对象：正在重生成模型　　　　选取矩形

**步骤6**　练习布局空间"浮动视口"和"图纸空间"的切换，双击鼠标即可（图13-54）。

**步骤7**　调入"视口"工具栏（图13-55）。

**步骤8**　在各浮动视口拖曳图形并选择视口比例（图13-56）。

**步骤9**　锁定各浮动视口。

先用鼠标左键单击浮动视口"框线"，再单击鼠标右键，弹出快捷菜单，选择"显示锁定→是"（图13-57）。

**步骤10**　调整各浮动视口的尺寸标注。

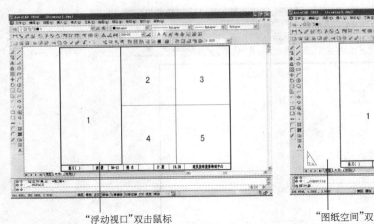

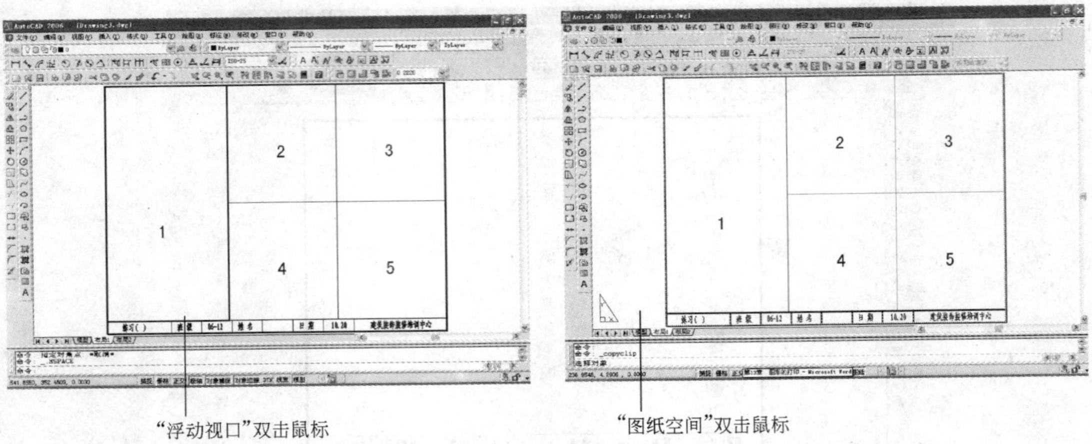

"浮动视口"双击鼠标　　　　　　　　　　　　"图纸空间"双击鼠标

图 13-54　视口切换

图 13-55

♥ 将本图所使用的标注样式修改，选择"标注样式管理器→调整→标注特征比例→将标注缩放到布局"（图 13-58）。

♥ 执行"更新" ▦ 命令，在各浮动视口窗选对应标注。

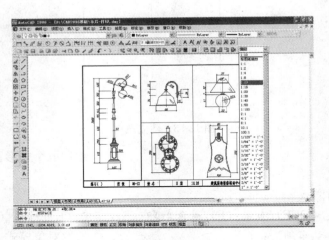

图 13-56　选择视口比例

**步骤 11**　注释视口比例（图 13-59）。

**步骤 12**　调整"浮动视口"大小（图 13-60）。

**步骤 13**　隐藏各"浮动视口"框线（图 13-61）。

♥ 新建图层"VPORTS"，将"浮动视口"框线更换到此图层，"关闭或冻结"此层。

**步骤 14**　设置页面（见 13.6）。

**步骤 15**　选择页面，轻松打印。

选择页面设置打印。

274

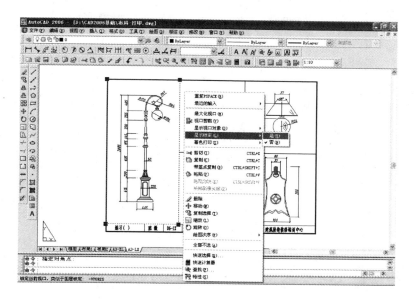

图 13-57　锁定视口

图 13-58　选择尺寸标注为"将标注缩放到布局"

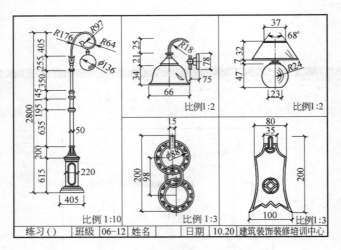

图 13-59　注释视口比例

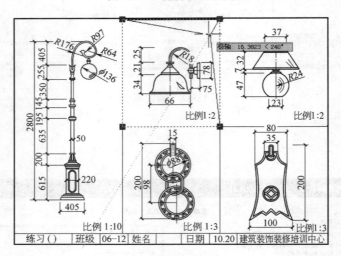

图 13-60　调整视口大小

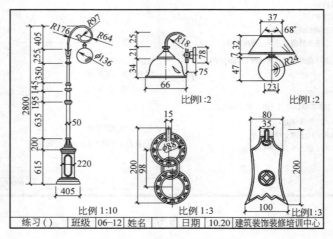

图 13-61　隐藏"浮动视口"

# 参 考 文 献

［1］ 翔虹，AutoCAD技术中心吴永进，林美英编著. AutoCAD2006中文版使用教程—基础篇. 北京：人民邮电出版社，2006.

［2］ 李智辉编著.《AutoCAD建筑制图习题集锦（2006）》. 北京：清华大学出版社，2005.

［3］ 武峰主编.《CAD室内设计施工图常用图块》. 北京：中国建筑工业出版社，2003.

［4］ 窦志强，张华苏编.《计算机辅助设计与绘图习题集》. 北京：机械工业出版社，2005.

［5］ 北京教育科学研究职业教育与成人教育研究所组编.《AutoCAD2002标准认证培训教材》. 北京：教育科学出版社，2004.